别墅空间营造

大师作品集　杨锋 编

CREATION OF

VILLA SPACE

COLLECTION OF MASTERS

江苏凤凰科学技术出版社
南京

图书在版编目（CIP）数据

别墅空间营造大师作品集 / 杨锋编 . — 南京：江苏凤凰科学技术出版社，2021.9
ISBN 978-7-5713-1957-1

Ⅰ．①别… Ⅱ．①杨… Ⅲ．①别墅－室内装饰设计－作品集－世界－现代 Ⅳ．① TU241.1

中国版本图书馆 CIP 数据核字 (2021) 第 102977 号

别墅空间营造大师作品集

编　　　者	杨锋
项 目 策 划	凤凰空间·深圳
责 任 编 辑	赵研　刘屹立
特 约 编 辑	张爱萍　蔡伟华

出 版 发 行	江苏凤凰科学技术出版社
出版社地址	南京市湖南路 1 号 A 楼，邮编：210009
出版社网址	http：//www.pspress.cn
总 经 销	天津凤凰空间文化传媒有限公司
总经销网址	http：//www.ifengspace.cn
印　　　刷	北京博海升彩色印刷有限公司

开　　　本	965mm×1330mm　1/16
印　　　张	39
字　　　数	628 000
版　　　次	2021 年 10 月第 1 版
印　　　次	2021 年 10 月第 1 次印刷

标 准 书 号	ISBN 978-7-5713-1957-1
定　　　价	796.00 元（精）（上、下册）

图书如有印装质量问题，可随时向销售部调换（电话：022-87893668）。

PREFACE 序

美是抽象的，不能触摸，没有标准，没有定义，美只是一种感觉，接触后产生喜悦之情，令人开怀。不同背景、不同时段、不同环境下，美态、美景、美物都有不同的呈现，不同的姿态有不同的美。寻找美是人的天性，而美是向善的、美好的，美好的追求主导着生活，美好生活又是每个人的目标和理想。

家是美好生活的必需品。无论单身贵族、新婚夫妇、三口之家，还是三代同堂、大宅豪门都需要居住在室内空间，都需要建立成"家"。而家的组成是人，群体在空间内活动，满足起居、作息的需求是家最主要的功能，生活在家中就等于有一个依靠、一个聚点、一个保障，家是美好生活的核心，家是自己和家人最熟悉和放松的地方。

人们一向对"家"都很注重，希望在这里能够很舒适地生活，而每个人也按自己的能力和定位去建立自己"家"的环境，其中独立住宅更具有私密性，是高层次的住房方式，也是非常讲求美的空间。豪华的独立住宅也称为别墅，大多数的别墅除了室内空间以外，也会有室外的活动空间，在这里你可以感受大自然的气息，使生活多样化。一般别墅都是个性化、独特化的，讲究外形之余也讲究内部细节，能满足人们追求美好生活质量的期望。古今中外，千变万化的别墅层出不穷，设计者和业主往往花费了很多时间和心思去打造，对创造美有不同的方法和技巧，很值得我们去观摩及欣赏。

P A L DESIGN GROUP
梁景华 博士

CONTENTS 目录

山地别墅

滨水别墅

滨水别墅

CREATION OF
VILLA SPACE

山地别墅

LE PINE VILLA

勒·派恩
别墅

项目概况

勒·派恩别墅由 SAOTA 建筑事务所设计，位于法国圣特罗佩，该设计是对传统地中海里维埃拉建筑的现代诠释。项目摆脱了当地传统的束缚，进行了一种新的尝试，在建筑造型和室内空间上契合了当地的地理环境和生活方式。

Architect: SAOTA
Location: Saint-Tropez, France
Site Area: 2 431 m²
Project Area: 501 m²
Photographer: Adam Letch

设计者：SAOTA 建筑事务所
项目位置：法国圣特罗佩
用地面积：2 431 平方米
占地面积：501 平方米
摄影师：亚当·莱奇

"访客经过一个狭长地带来到南部松林的空地上"，SAOTA 建筑事务所总监斯蒂芬·安东尼（Stefan Antoni）说，"当我们第一次来到这里时，可以仰望松树林，体验树冠下令人赞叹的自然景观，真是太美好了！ 我们开发设计时，松树林成为重要的启发。"

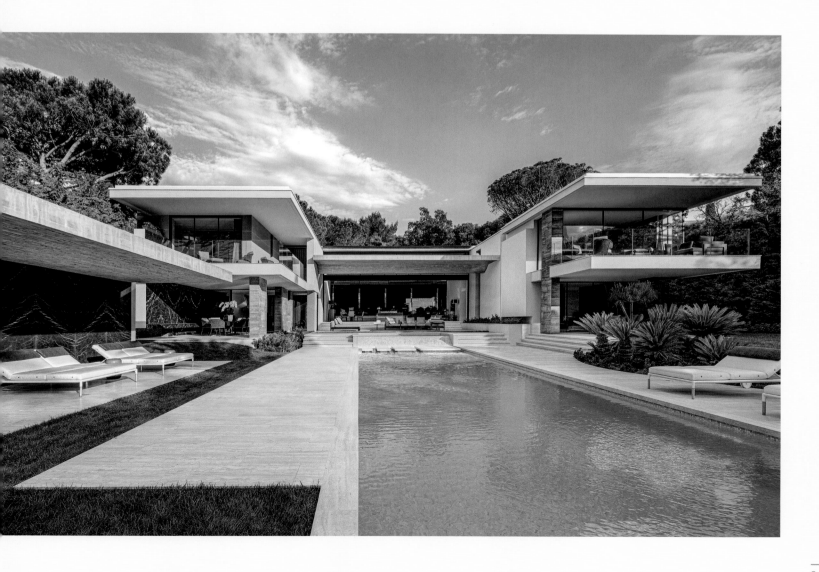

A — A 剖面图

01 入口
02 餐厅
03 客厅
04 户外早餐区
05 公共餐厅
06 泳池休息区
07 书房
08 泳池
09 户外休息区
10 健身房
11 酒窖
12 工人房

B — B 剖面图

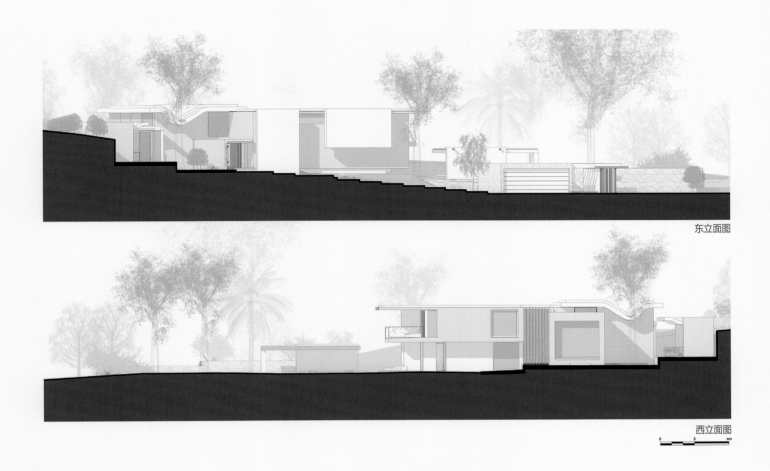

东立面图

西立面图

0 3 6m

"我们的首要目标是试图最大化地感知空间"，该项目的首席建筑师、SAOTA 建筑事务所总监菲利普·福奇（Phillippe Fouche）说，"我们通过创建宽敞的室外遮阳空间来做到这一点，使整个空间看起来好像从室内向外溢出，并延伸到场地的前端。"

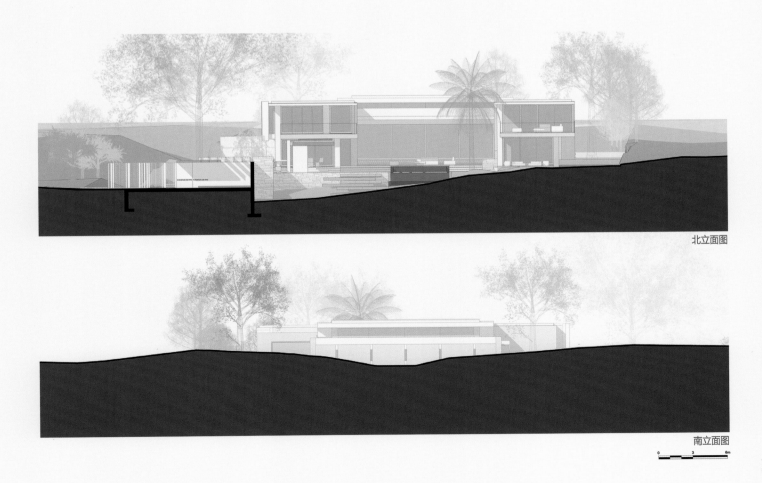

北立面图

南立面图

0 3 6m

"吊顶的弯曲造型是用松木板参照松木纹理浇筑形成的，不仅与场地的景观相呼应，而且与建筑两侧翼的几何直线形成鲜明对比"，菲利普·福奇补充说，"吊顶也起到了加固结构的作用，使其跨度在没有采用任何立柱的情况下达到了惊人的 12 米长。"

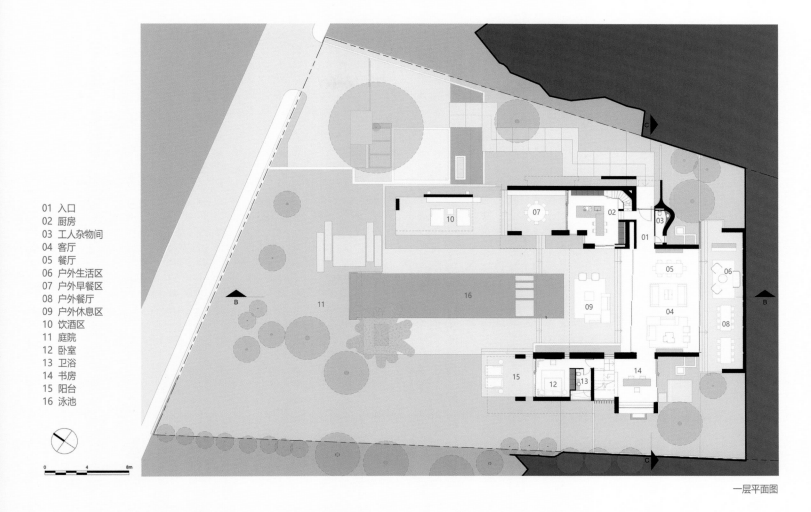

01 入口
02 厨房
03 工人杂物间
04 客厅
05 餐厅
06 户外生活区
07 户外早餐区
08 户外餐厅
09 户外休息区
10 饮酒区
11 庭院
12 卧室
13 卫浴
14 书房
15 阳台
16 泳池

0　　4　　8m

一层平面图

设计师将别墅建在场地的后部，是为了使整个空间像梯田景观那样层叠错落，从而无缝扩展了可用空间。 SAOTA建筑事务所探索了各种策略来最大化地实现对空间的感知，例如通过带空腔结构的门来模糊内部和外部空间，并使凉爽的夏日微风穿过房间；中间的游泳池向下倾斜，将马提尼酒的饮酒区与主游泳池连接起来，并设计了带有侧翼的整洁线条，突出了饮酒区的视角，将视线引向地平线，形成空间的错觉，在视觉上延伸了房屋的长度。

内部是展览式的空间，不仅需要创建清晰的公共区域，而且还尽可能地从空间的上方导入光线。"只要有可能，我们就试图将光线投射到空间中去。"菲利普·福奇介绍道。用精心设置的落地窗使自然光照亮内部空间，并使位于斜坡上方的别墅获得了一望无际的松树树冠景致，这也反映到弯曲、起伏吊顶的截面上，其他的无框窗户和小孔窗也很好地捕捉到了周围庭院的景观，进一步将内部空间和外部环境融合在一起，编织成整体别墅空间环境。

别墅前部采用了颜色较浅的石材，而建筑开口处则为石灰华地板，内部饰面在用材、工艺上和拱腹粗犷而富有表现力的混凝土形成鲜明对比，天然材料的质感强调了建筑是景观的延伸，别墅后壁采用深色大理石，在视觉感受上引发深度联想，进一步增强了心理上的空间感。

在建筑设计上，勒·派恩别墅成功运用了 SAOTA 建筑事务所数十年来在开普敦大西洋沿岸别墅设计所获得的经验，打造出独特的别墅空间和清新的生活体验。

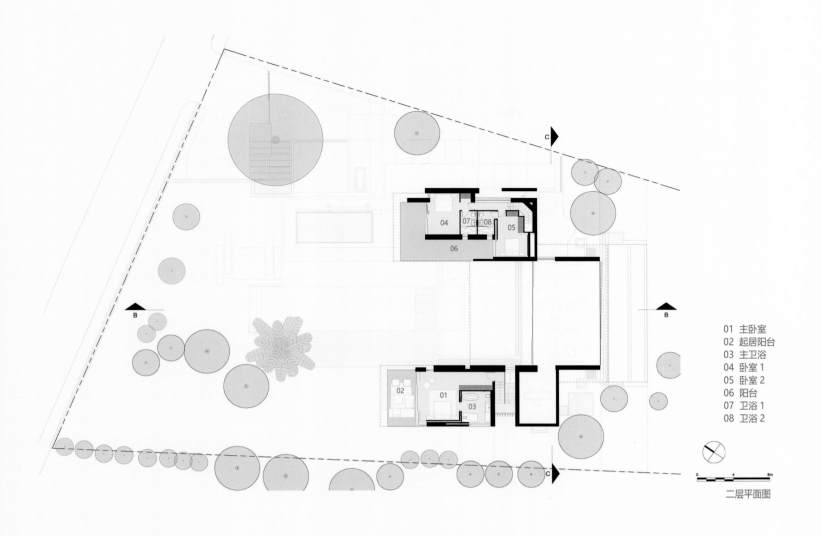

01 主卧室
02 起居阳台
03 主卫浴
04 卧室 1
05 卧室 2
06 阳台
07 卫浴 1
08 卫浴 2

0 4 8m

二层平面图

STRADELLA VILLA

斯塔德拉别墅

项目概况

该别墅是对 1970 年旧房屋的改造，位于洛杉矶斯塔德拉（Stradella）美丽的海角上。场地和旧房屋的原始布局经过精心设计，可以确保临街的私密性，并能欣赏到洛杉矶盆地的壮丽景色，远眺市区世纪城全景，东伴群山，南向大海。客户要求清除原有的西班牙风格建筑痕迹，SAOTA 建筑事务所决定将旧房屋剥离到只剩木质框架结构，在必要处进行加固或扩展处理，这样可以使空间利用率更高，建筑的开口也会更大，便于欣赏美丽的西海岸风光，昼夜变换的市区远景和翠绿的树林都被考虑在平面布局中。"借景"这一概念是 SAOTA 建筑事务所常用的手法，SAOTA 建筑事务所高超的设计贯穿别墅创意、空间规划、立面设计、景观环境、灯光照明、窗户配置等所有细节。

Architect: SAOTA
Location: Los Angeles, United States
Area: 1 865 m²
Photographer: Adam Letch

设计者：SAOTA 建筑事务所
项目位置：美国洛杉矶
项目面积：1 865 平方米
摄影师：亚当·莱奇

为了创造标志性入口，在别墅前庭保留了一株枝繁叶茂的大树。建筑外墙被重新设计成雕塑般的结构——巨大的支撑将别墅半悬空在山坡上：留白的石材外墙、带有垂直格栅屏风的开口、通透的玻璃，在视觉上形成别墅的体块，通过一个轻巧的结构垂直悬挂在山坡上，与城市天际的网格相呼应，形成一道建筑景观，令人印象深刻。进入入口大厅后，来到一条不对称的主要过道，它有意延迟了城市天际线的曝光。

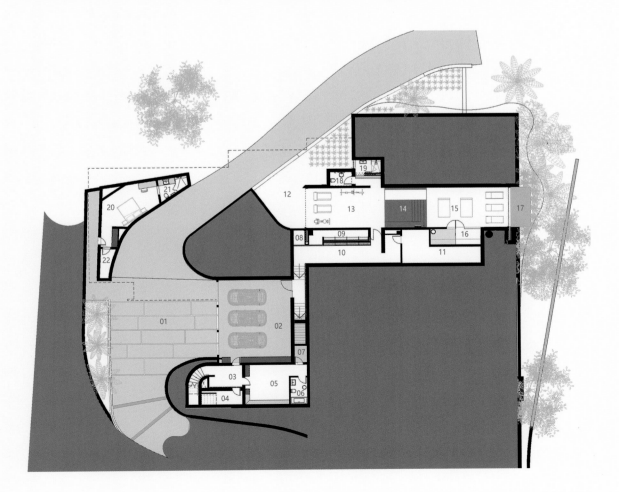

01 车道
02 车库
03 玄关
04 设备房
05 工人洗衣房
06 工人卫浴
07 衣物壁橱
08 储物壁橱
09 地窖
10 红酒展示
11 配电房
12 禅庭花园
13 健身房
14 泳池
15 SPA 房
16 桑拿房
17 阳台
18 卫生间
19 淋浴间
20 工人 卧室
21 工人卫浴间
22 工人衣橱

负一层平面图

别墅周围绿树成荫，因此没有考虑在别墅中设庭院，室内绿植的作用是改善本已丰富的空间环境，因此绿植的选择和运用也是至关重要，它可以很好地平衡建筑造型几何、简约的现代感，也可以加强人与大自然的亲密互动。原有的棕榈树保留在泳池的露台上，丰富了露天酒吧和主卧室套房的景致；低矮的灌木和露台的草坪确保了室外空间的功能性和地平线景观的整洁。在项目的后部，增加了树木的种植，林荫大道被很好地保留了下来，前院也保留了一棵富有特色的成年大树，为人们提供了良好的位置感，并为书房和入口大厅提供了树荫。

01 泳池休息区
02 淋浴区
03 烧烤区
04 户外休息区
05 游戏室
06 卫生间
07 影院室
08 露天吧
09 日光床
10 恒温泳池
11 家庭影院
12 娱乐室
13 户外餐厅
14 客厅
15 户外客厅
16 起居室
17 壁炉
18 设备室
19 雪茄吧
20 起居室
21 保险房
22 卫生间
23 书房
24 厨房
25 早餐吧
26 玄关

一层平面图

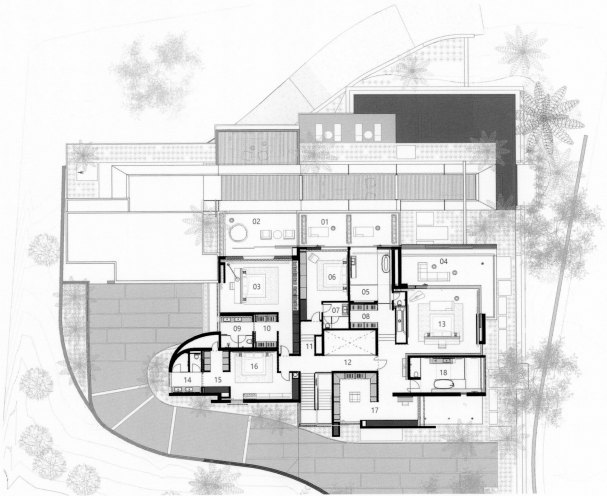

01 阳台
02 客房阳台
03 客房
04 主卧室阳台
05 主卧室卫浴
06 卧室 1
07 卧室 1 卫浴
08 主卧室衣橱
09 客房卫浴
10 客房衣橱
11 储物柜
12 走廊
13 主卧室
14 卧室 2 卫浴
15 卧室 2 衣橱
16 卧室 2
17 女主人衣帽间
18 女主人卫浴间

二层平面图

该别墅设计是对加利福尼亚乌托邦式现代主义的深入研究，并在多开口的新平面布局上得以体现。尽最大可能地将墙壁换成全高玻璃门窗，并将门窗做成滑动或折叠的，以形成宽敞的开口，旨在塑造加利福尼亚式生活的精髓，别墅内部空间开放、清新、敞亮，别墅的各种功能区无缝衔接在一起，非常适合家庭生活，例如举行盛大的聚会、娱乐活动等。

别墅的整体色调采用温暖的自然色系，与醒目的材料以及代表建筑特征的简洁、硬朗的线形造型取得了平衡。古铜色阳极氧化铝屏风、浅灰色窗框、法国石灰石墙面、白色石膏顶棚、棕灰色木作、起居室的石灰石地砖、卧室的橡木地板，这些材料相辅相成，使别墅内部和外部都如同画作般雅致。

CITY VILLA IN SOUTH AFRICA

南非城市别墅

项目概况

该别墅被设计成具有地标性的家庭住宅,采用现代自然设计风格,矩形的体块与悬臂式混凝土造型垂直相对、相互作用,创造了富有雕塑感的建筑形态。充满活力的泳池与建筑刚性造型形成鲜明对比,为建筑增添了生机。别墅高层立面上的白色几何形状遮阳板,为建筑外观增添了可识别度。

Architect: ARRCC
Location: Cape Town, South Africa
Area: 875 m^2
Photographer: Adam Letch

设计者：ARRCC 工作室
项目位置：南非开普敦
项目面积：875 平方米
摄影师：亚当·莱奇

受安藤忠雄等建筑师的启发，整个别墅都可以看到使用几何形式"雕刻"自然光线的手法。当人们进入车道时，会立刻被水平体块的透景所吸引。入口处有一堵石砌的墙，这堵石墙为娱乐层中下沉的火坑提供了屏障，将其隐藏，不在街道视线中。

别墅底层主要是公共区域，包含采用了 Bulthaup 品牌的厨房区、用餐区和一个公共休息区，当滑动式门缓缓推开，可以看到房屋的正面和远处的城市风光，每个空间都设有可以通往相邻区域的门。正面的大型推拉门外是一个富有禅意的庭院，无边泳池给庭院带来了宁静。

在起居区中使用的地板、饰面与室外空间相同，以加强室内外感受的连惯性。在这一层还设有一个非正式的休息室和酒吧区、书房以及一间设备齐全的健身房。

别墅的顶楼设有三间双人卧室和一间主卧室。所有的卧室都可以欣赏到开普敦城市和山脉无与伦比的美景。三间双人卧室均设有玻璃浴室，在确保私密性的同时又能欣赏绝美风景。主卧室采用开放式浴室设计，设有独立式浴缸和可俯瞰城市景观的大型玻璃淋浴间。

KLOOF 119A VILLA

克鲁夫 119A 别墅

项目概况

该别墅位于南非开普敦的狮头山脚，坐拥桌山、狮头山、信号山的风光，一览开普敦市区及博兰（Boland）葡萄园的美景。建筑的造型最大化地适应周围环境，倒金字塔形的屋顶不仅构成了建筑标志性特征，还为顶层空间带来环绕式的天窗，顶部采光使建筑得以向外界敞开，开辟了天空的视野，并将阳光与月光引入室内，更加强了建筑与自然环境的联系。

Architect: SAOTA
Location: Cape town, South africa
Area: 850 m²
Photographer: Adam Letch & Mickey Hoyle

设计者：SAOTA 建筑事务所
项目位置：南非开普敦
项目面积：850 平方米
摄影师：亚当·莱奇、米奇·霍伊尔

克鲁夫 119A 别墅的石砌墙壁采用了开普敦传统的建造方式，虽然朝向热闹的街道，却几乎没有展露出任何内部空间的景象。夜晚，倒置的金字塔屋顶发出光亮，犹如一个复杂而精致的灯箱。居住者先从介于石墙和房屋之间的金属大门穿过一个小型的门厅，随后便进入花园庭院内部。

安静、内敛的庭院与装有巨大玻璃门的起居室相连，在这里可以欣赏如电影场景般令人震撼的城市全景。别墅分为三个楼层。一层的视野最为开阔，容纳了大部分的生活空间，包括开放式厨房、餐厅和休闲室等；工作空间和卧室位于别墅的负一层；车库、健身房、家庭影院和客房则位于负二层。

SCALE 1:100

一层平面图

0   2000   4000mm
SCALE 1:100

屋顶平面图

室内空间采用了 OKHA 品牌的家具，包括 Hunt 沙发和 Nate、Nicci Nouveau 扶手椅等。摆放在别墅一层庭院的 Planalto 餐桌成为了空间的焦点，可以用作工作区或私人空间。休闲区的 To Be One 和 Lean On Me 落地灯也是由 OKHA 提供的。

每个楼层都设有专属的花园和庭院。它们从山坡一路延伸至房屋，在起到遮挡视线作用的同时也为住宅引入了光线和新鲜空气，使建筑与自然的关系变得更加亲密。

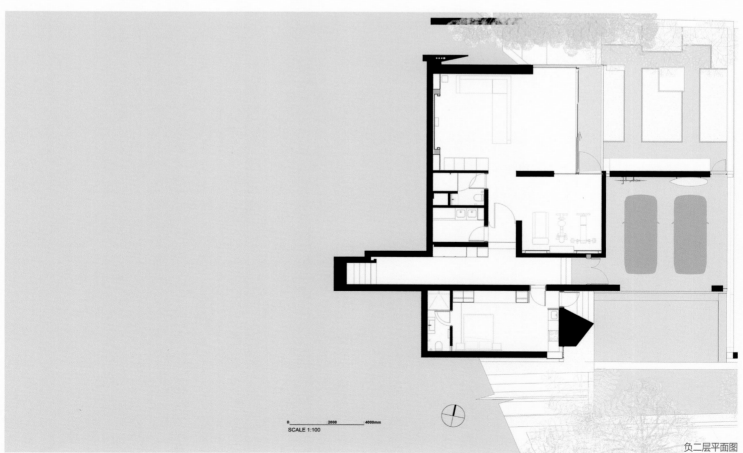

SCALE 1:100

负二层平面图

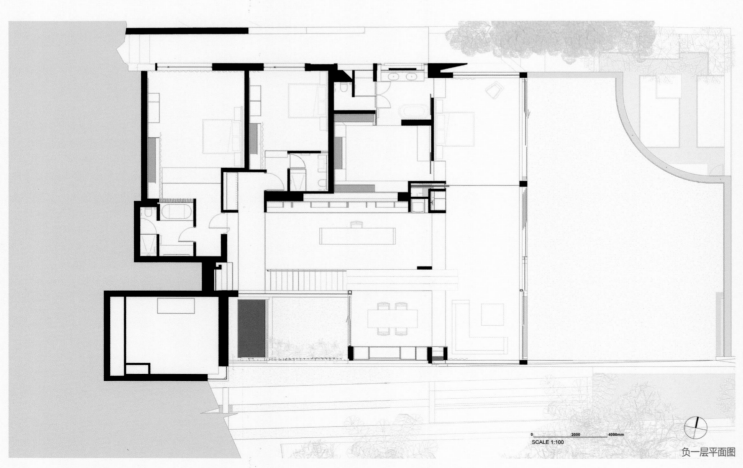

SCALE 1:100

负一层平面图

DOLPHIN TERRACE STREET VILLA

海豚台地街别墅

项目概况

詹姆斯·马格尼（James Magni）在洛杉矶一直是受人尊敬的设计师，他独树一帜的"马格尼现代主义（Magni Modernism）"令人赞叹不已，业主正是欣赏他设计的风格能充分体现加利福尼亚人的时尚生活方式，便邀请他负责这栋别墅的改造设计。项目位于海豚台地街的山顶上，可以欣赏到山脚美丽的河流和城市风光。

詹姆斯·马格尼（James Magni）在洛杉矶一直是受人尊敬的设计师，他独树一帜的"马格尼现代主义（Magni Modernism）"令人赞叹不已，业主正是欣赏他设计的风格能充

Architect: Magni Kalman Design
Location: California, United States
Area: 650 m²
Photo: Magni Kalman Design

设计者：麦格尼·卡尔曼设计公司
项目位置：美国加利福尼亚
占地面积：650 平方米
图片提供：麦格尼·卡尔曼设计公司

别墅设计利用地形，融合天空、河流和城市风光，营造出一种美妙的感官体验，无论在别墅入口还是在别墅内部都可以欣赏到周围优美的风光。

别墅呈 L 形的布局，一层是客厅、餐厅及一个大型露台，负一层设有一个带泳池的庭院，卧室、酒吧和娱乐区也在这一层。

设计师联合数字艺术家在别墅的庭院中共同打造了一幅数字投影艺术装置画，这是非常复杂的艺术装备，需要把投影设备安装在墙内的开口中，并通过反复的安装调试和精密的安装才得以实现。作品的灵感来源于该别墅日景和夜景的反差变化，最终呈现的效果令人惊艳，为别墅带来了时尚感和活力。

该别墅的改造设计摈弃了深色木材的运用，简化了墙壁和橱柜上多余的装饰品，营造了一个简约、时尚、现代而又奢华的新空间。

别墅的取材呼了应周围的环境。由于别墅空间较大，设计师运用丰富而细腻的材料来赋予空间优雅的质感和品味，例如天鹅绒、羊绒、羊驼毛和马海毛的运用，很好地平衡了空间。

BEVERLY HILLS TROUSDALE II

比弗利山
特劳斯代尔
2

项目概况

詹姆斯·马格尼（James Magni）和杰里米·格雷夫（Jeremy Graef）创造了这个无限接近完美的别墅空间。业主是 GT Living Foods 的创始人戴夫（G.T Dave），业主父亲是位追求极致的律师，母亲则是一位成功的珠宝商人，极简和丰富的收藏都是设计需要考虑的主要元素。

詹姆斯·马格尼（James Magni）和杰里米·格雷夫（Jeremy Graef）创造了这个无限接近完美的别墅空间。业主是 GT Living Foods 的创始人戴夫（G.T Dave），业主父亲是位追求极致的律师

Architect: Magni Kalman Design
Location: Los Angeles, United States
Area: 557.5 m²
Photographer: Matthew Millman

设计者：麦格尼·卡尔曼设计公司
项目位置：美国洛杉矶
占地面积：557.5 平方米
摄影师：马修·米尔曼

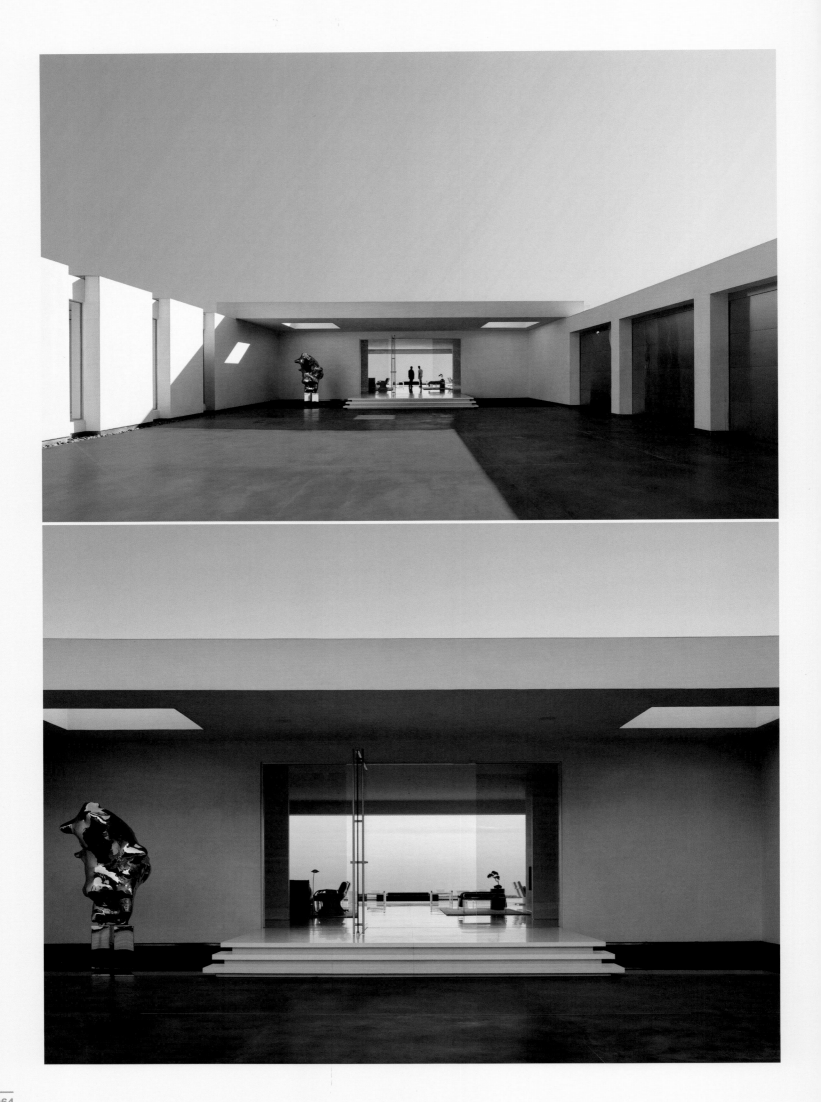

该别墅可欣赏到洛杉矶的壮观景色，实际上这栋别墅是两个相邻房屋合并而成的，业主买下这两间房屋后彻底拆除再新建的该别墅，并在著名室内设计师詹姆斯·马格尼（James Magni）的帮助下重新打造了这个宁静的极简空间。

业主是一位企业家，希望别墅能营造良好的思考空间，甚至能带给他灵感，同时也适合举办聚会。他喜欢精美的装饰、考究的细节、手工艺品以及不常见的收藏品；喜欢艺术的优美，但也崇拜力量。对于该空间的设计很好地满足了业主的需求。

别墅内部设计尽量做到简洁、
耐用、易于打理，因此采用
了无缝的水磨石地板，厨房
配有厚实的白色 Lucite 橱柜
以及人造材料，维护成本低，
便于打理或更换。

WHERE
EAGLES
DARE
HOUSE

雄鹰展翅
住宅

项目概况

屋主希望该别墅能最大化利用360°山顶全景，同时也要保证私密性，要求室内能看到外部景观，又不希望外界看到内部情况，这有一定的挑战性。GRAS设计团队决定使别墅尽可能远离山顶地面，"飞出"山顶，于是有了超长的悬挑。后来证实，别墅远离道路，保证了私密性，同时又能尽情享受外部山丘和海洋的景致。

Architect: GRAS arquitectos
Location: Andratx, Spain
Area: 1 000 m²
Photographer: Jose Hevia

设计者：GRAS 建筑师事务所
项目位置：西班牙安德拉特斯
项目面积：1 000 平方米
摄影师：何塞·赫维亚

别墅设计将首层尽可能抬高，远离地面，这样的造型为地面层提供了大面积遮荫空间，因此，设计师将地面层主要功能设置为起居空间、厨房和小电视房。正因为有良好的遮荫，使起居空间得以免受地中海海岛上毒辣阳光的直射。

立面图

由于场地极度倾斜，花园的设计概念采用了传统马略卡的阶梯形山坡。不同楼层采用当地石材仿制了"梯田"。梯田上种植了橄榄树、迷迭香，还有薰衣草等当地草本。不同标高的小广场之间铺设了小径，露台成为了最佳观景点。

建筑的选材是基于强化概念的考虑。Krion 品牌白色的表皮材料为设计带来了明亮的视觉效果，同时减轻了结构承重。地面层材料主要为玻璃，用作窗户和立面。

由于一层的悬挑，保护了建筑、地面层免受直射光毒害。玻璃窗户带透明防晒效果，立面则是通风磨砂效果。地下层表皮为采自山坡上的、同样的石材，仿佛与石头融为一体。

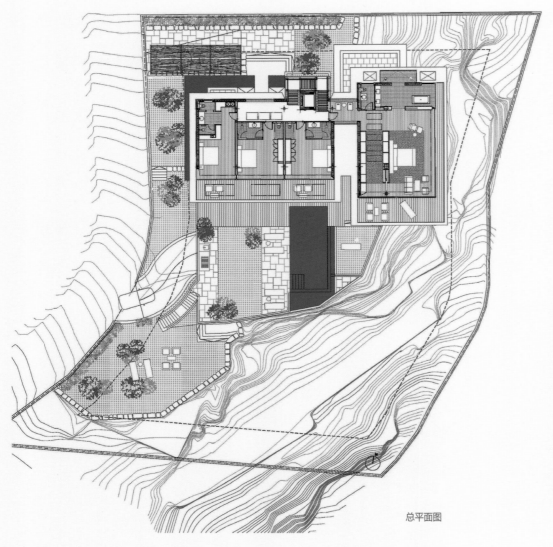

总平面图

住宅后方设计了一个地中海式庭院，铺装了当地石材，绿化选用了灌木植被。穿过这个小庭院，来到住宅入口。由于住宅遮挡了壮美的景色，推开大门进入室内后，完整的山谷、海洋全部映入眼帘，戏剧般地展现出令人惊叹的地中海景观。

别墅室内交通流线的组织非常简单、高效。室内外空间没有明显的界限，首层有一个大型的开敞休息空间，因位于坡地高处，当人们坐下休息时，视线便将远处的海洋景色拉升到眼前。

住宅的结构是一大难题。以地下层的混凝土结构为基础，上部为钢结构。为了免受阳光的照射，采用了巨大的悬挑，一层则采用了立面片墙（fins）；结合住宅位于山顶的位置，这样在夏天就能遮荫和提供穿堂风。同时，这座建筑以高标准设计了可持续建筑：被动式保温隔热、通风立面和雨水、废水全部再利用（用作灌溉）。

SARDINIA VILLA

撒丁岛 别墅

项目概况

该别墅位于海边的一座小山顶上，坐拥得天独厚的景观环境，周围环绕着郁郁葱葱的植被，更可面朝地中海，坐享海天一色美景。设计师借助场地优越的地理条件，创造了一个静谧的沉思环境，让人享受这里360°无死角的全景景观。

Architect: Ramon Esteve studio
Location: Spain
Area: 1 285 m²
Photographer: Mariela Apollonio

设计者：Ramon Esteve 工作室
项目位置：西班牙
项目面积：1 285 平方米
摄影师：玛丽埃拉·阿波罗尼奥

 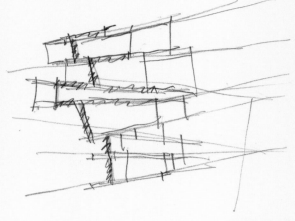

手绘概念图

该建筑由一组面朝不同方向展开的混凝土墙构成，通过压缩和扩大视野的方式，在室内呈现出不同的景象。垂直立面在悬臂的支撑下延伸向海面，构成了围绕大露台的悬挑阳台。由于结构体的支撑，这些悬臂并不依靠墙体，而是装配在墙体之间，从而增加了视觉张力，营造出矛盾的重量感和失重感。

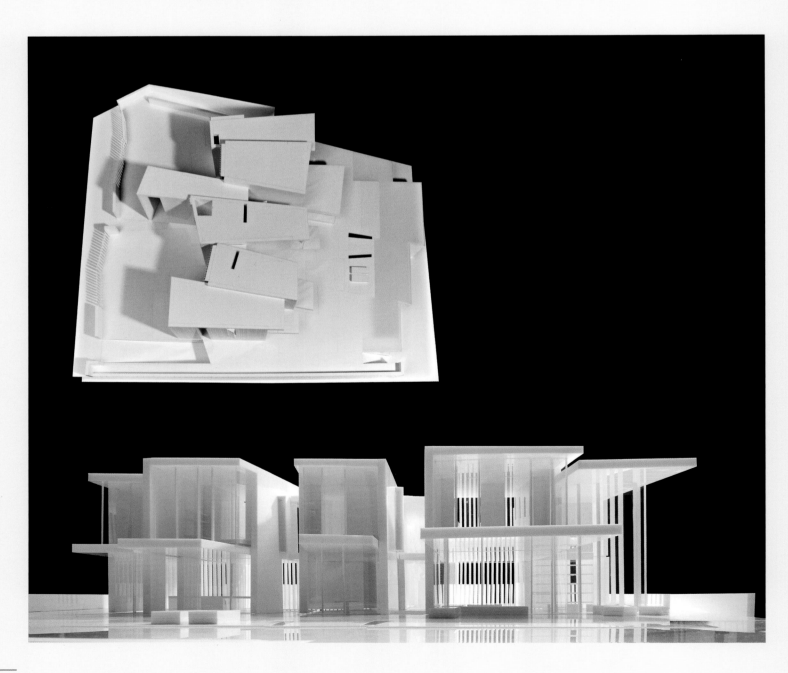

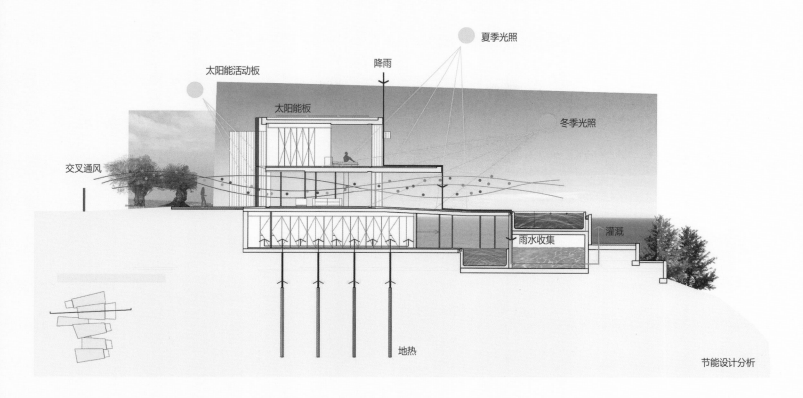

太阳能活动板　太阳能板　降雨　夏季光照

交叉通风　冬季光照

雨水收集　灌溉

地热　节能设计分析

别墅的前方设计有一条带围墙的过道，可以看到海景，为访客提供了与地平线接触的机会。休息室设在建筑的一层，和白色混凝土墙相连。两者间种有植被，将花园引入室内，加强了室内外的联系。每间休息室都设有独立阳台，可以自由享受周围景观。

设计师把室外空间设计成室内空间的延伸。采用了简约的建筑线条，以及简约的植被、路面、水池和室外照明设施，但是在山坡区域保留了典型的海边台地的样貌。别墅底部是地中海花园，种有松树、橘树和草本植物，由石墙包围，可以通到地下室。

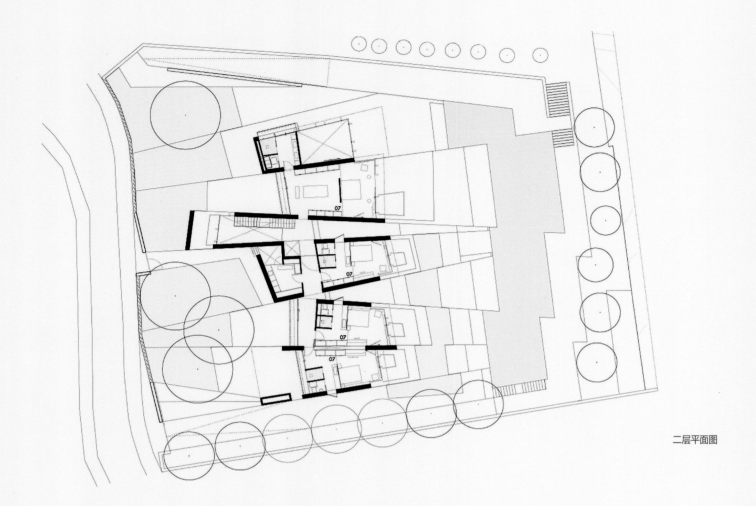

二层平面图

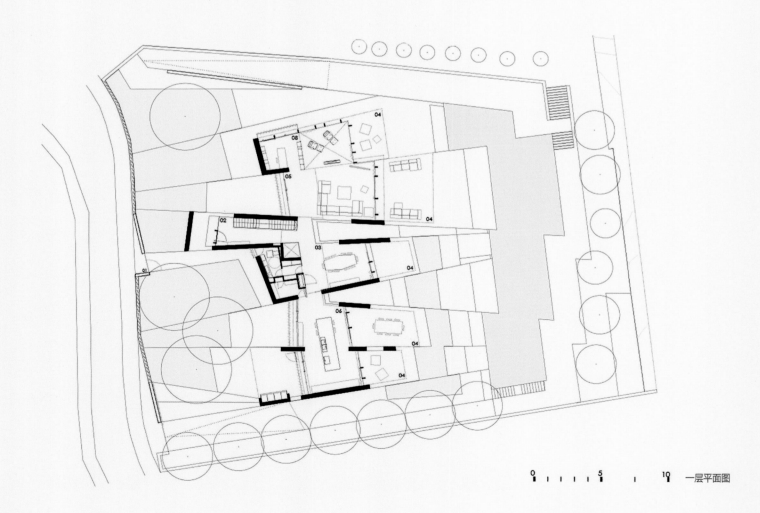

0 ⎯⎯⎯ 5 ⎯⎯ 10 一层平面图

别墅的混凝土结构采用了木材模具塑形，使混凝土表面木纹理在视觉上更加清晰。白色的混凝土、白色的木质百叶窗、白色的天花板、白色的墙壁和白色的家具，白色调几乎覆盖了这座建筑的所有区域，但是各区域材料的质感又有所不同，营造出了既统一又有变化的效果。别墅基底的基础墙体由当地的白色石材垒建，使建筑很好地融入了周边自然环境。

ENTREP-AROTAS VILLA

恩特帕洛达
别墅

项目概况

恩特帕洛达别墅让居住者能够时刻和自然互动，因为场地覆盖着丰富的植被，还穿过了一条小溪。这里的热带植被主要由帕洛特树和无花果树构成，拥有一种热带雨林的氛围。

Architect: Di Frenna Arquitectos
Location: Colima, Mexico
Area: 568 m²
Photographer: Lorena Darquea

设计者：Di Frenna 建筑师事务所
项目位置：墨西哥科利马州
项目面积：568 平方米
摄影师：洛雷娜·达克亚

一层平面图

混凝土体块根据地形的变化被放置在景观中，在住宅周围打造出一些散步的小径。植物围绕着小径，却不会遮挡漫步者的视线。建筑师选用的材料都是中性颜色的石头，似乎是雨林中央的失落遗迹。建筑物的地位并没有被突出，室外的氛围非常强烈，建筑的结构随着岁月的变迁更能融入周围的环境。

东立面图

西立面图

A — A 剖面图

北立面图

南立面图

B — B 剖面图

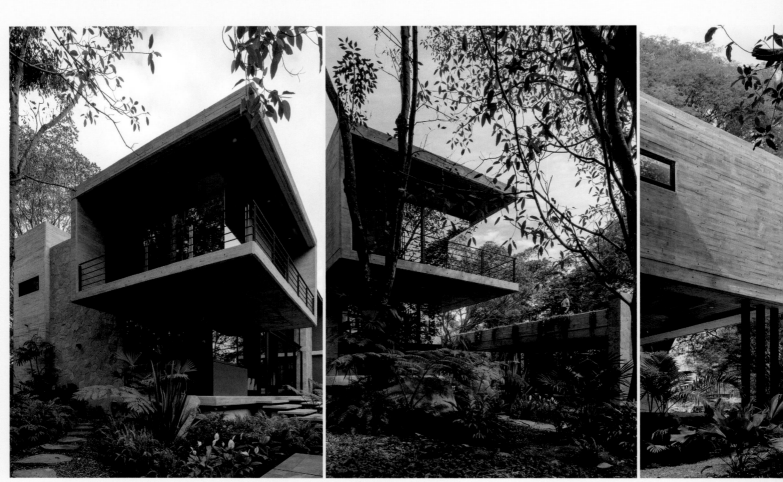

二层平面图

窗户从地板延伸到天花板，使得小花园的景色能够时刻贯穿室内。

别墅的中心在底层，客厅和餐厅空间完全打开，拥有双层高的屋顶，这个巨大的水晶盒子和主轴线相交错，使室内和室外的界限变得模糊，所有的空间都能获得自然光线，而楼梯则将底层空间和过道、阳台连接到一起。

建筑后面的一部分和其他部分分离，这里有水环绕，使人能够近距离地欣赏花园。一个结构轻巧的楼梯直通屋顶，周围的环境一览无余。

二楼是建筑中更为私密的区域。当你穿过置于建筑中央的楼梯后，能够感受到光的重要性，并且获得和周围景观的直接交流。这里你会看到一个长走廊，视线在双层高的屋顶中得到延伸，卧室被安置于此。

建筑的结构能够实现大悬臂和自由墙空间，在建筑的北面能够将其尽收眼底。混凝土和钢筋结构在这里完美融合，艺术作品镶嵌在石墙和帕洛特木板中。

WATERFRONT
VILLA

滨水

别墅

LAKE HURON HOUSE

休伦湖的房子

项目概况

这座避暑别墅位于加拿大偏远的小镇上，在休伦湖畔，距安大略省伦敦市约 1 小时车程。虽然因建筑环境的原因可能被理解为有些保守的"乡村小屋"，但这座别墅试图通过当代建筑手法来探索传统湖畔家庭度假生活的现代方式，并利用设计、技术和可持续性方面的最新成果，将周围美丽的自然环境积极地联系起来，以新的理念寻求家庭暑假生活方式的突破。

Architect: SAOTA
Location: Ontario, Canada
Area: 1 600 m²
Photographer: Adam Letch

设计者：SAOTA 建筑事务所
项目位置：加拿大安大略省
项目面积：1 600 平方米
摄影师：亚当·莱奇

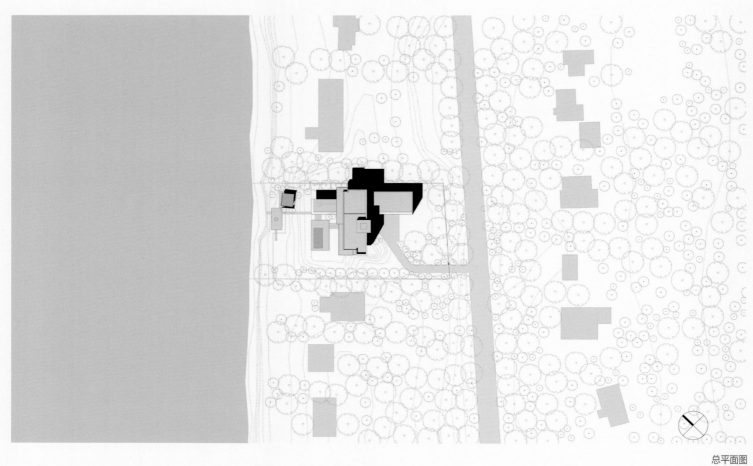

总平面图

该场地在一个小土坡上，高约 3.5 米，后面是休伦湖的草木路堤，项目占据了湖与森林之间的过渡空间，别墅利用土坡条件，正面朝向道路，体量靠后。建成后别墅在很大程度上被周围成年的枞树所掩盖，看上去像是一个简洁的浅色石箱，轻轻地落在树干之间。别墅的后面是休伦湖，周围景色融入两层高的玻璃墙中，自然光线被大量地引入室内空间。

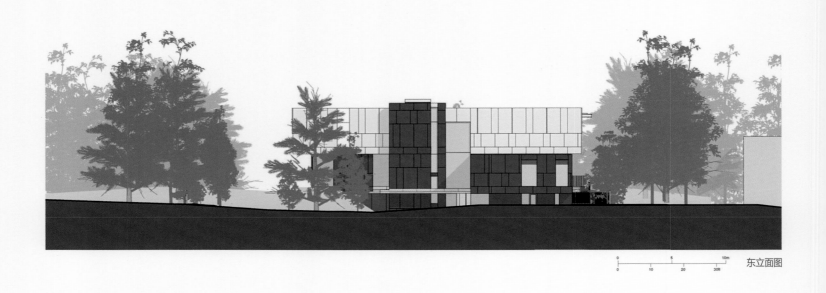

东立面图

建筑物在很大程度上被街道边的树林遮挡了，也将湖景挡住了，这会让访客在到达别墅前产生悬念。迈入别墅大门，来到一个引人赞叹的三层通高的中庭，远处壮阔的湖景突然呈现在眼前。

西立面图

该别墅的造型概念由一系列堆叠和悬挂的矩形盒子组成，一个盒子将建筑物嵌入地平线，另一个盒子悬挂在顶部，以使各层的生活空间相互联系。向南空间将建筑物固定住，并在允许居住空间占据前景的同时，最大化地利用场地的湖畔景观。卧室被安排在车库上方并向后突出。

B — B 剖面图

C — C 剖面图

北立面图

南立面图

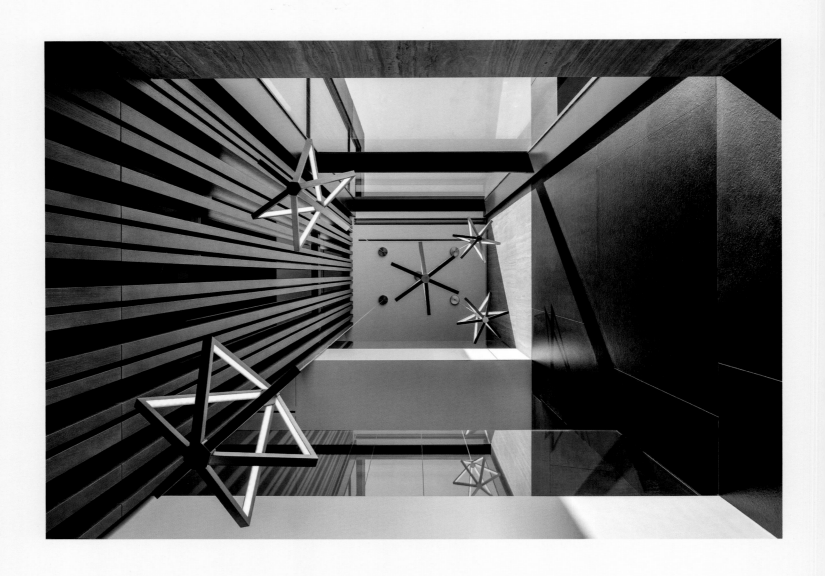

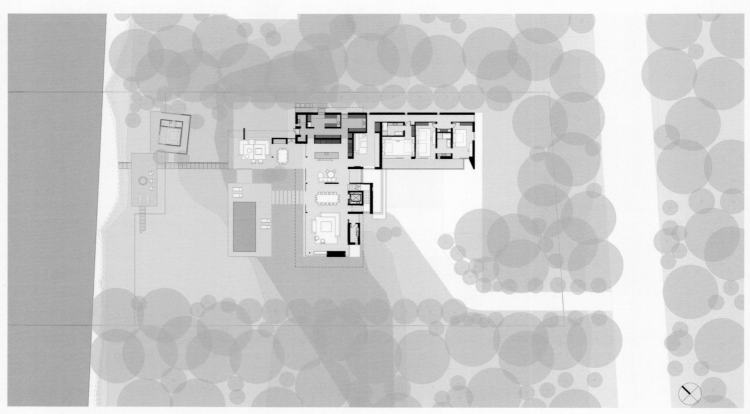

一层平面图

外墙和内墙的表面处理均使用
陶瓷镶板系统，该系统坚固耐
用，实践证明足以经受加拿大
的极端气候条件，并与别墅的
其他材料和配件结合，有助于
建筑实现可持续性。

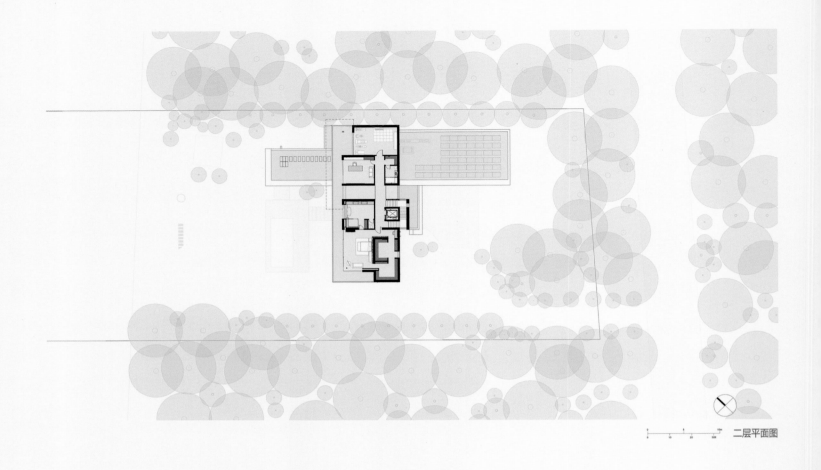

二层平面图

负一层平面图

别墅的上层房间是业主的私人空间，包括办公室、主卧室和健身房。在别墅前面的游泳池旁，有一个带顶棚的户外娱乐区。木板人行道和楼梯向下通往原来的翻新小屋位置，现在设有客房和额外的户外娱乐区，以方便漫长夏日访客在湖上纵情玩耍。

DOUBLE BAY VILLA IN SYDNEY

悉尼双湾
别墅

项目概况

别墅位于悉尼巨大天然港口——双湾的北湾，毗邻游憩公园和海湾的公共码头。这些元素形成了一条轴线，同时，场地前的沙滩形成了另一条轴线。

Architect: SAOTA
Location: Sydney, Australia
Area: 670 m²
Photographer: Adam Letch

设计者：SAOTA 建筑事务所
项目位置：澳大利亚悉尼
项目面积：670平方米
摄影师：亚当·莱奇

从公园的主要立面上看，建筑既展示了空间的层次感，也保护了隐私。悬挂在房子外立面上的石墨灰的屏风（由 Kaynemaile 公司定制）保障了住户临街面的隐私。木材覆面、抹灰墙壁、包木的檐口和穿过屏风的巨大窗台使平面的层次感更丰富。这个设计在创造平面深度的同时保障了隐私，最大限度地引进了阳光和公园的景色。

从街道和海湾的角度看来，房子的另一个主要立面呈现着这样的风景：低层的大型玻璃窗隐藏在白墙、黑色的窗框和屏风下。一棵保存完好的大番樱桃树装饰着街道立面。

01 入口
02 玄关
03 电梯
04 车库
05 工人房
06 卫生间
07 储物间
08 娱乐室
09 阳台
10 客厅
11 餐厅
12 起居室
13 早餐厅
14 厨房
15 户外餐厅
16 户外客厅
17 泳池
18 健身房卫浴
19 健身房

一层平面图

房子临海湾的一侧是开敞空间。区分普通区域与抬高的厨房和家庭用餐区域的是楼梯而并非隔墙。楼梯朝着大海的方向延伸至花园形成一条轴线，开阔了视野也保护了公共街道面的隐私。从小路抬高的花园进一步保护了隐私，区别开花园和海湾。水池的方位和向海面延伸的趋势，加强了两者之间的联系。

在这个立面中，楼梯被木质的百叶包裹着，同时完全被玻璃包围着。柔和的曲线与周边的玻璃盒子形成鲜明的对比，协调了正门和卧室的关系。

入口与海湾成 90°，坡道靠近水面，缓缓地向前门倾斜，制造出微妙上升的感觉。U 形的房屋平面清晰可见，入口连接了两翼，被花园分隔开，就像一个内部港湾，使得视野通过内部空间延伸到海湾之外。从庭院看来，二层的巨大墙面像漂浮在一层的玻璃上，放大了下面的海湾景色。

房屋的材料经过了精心挑选：木材、白色的墙体和石灰地板反射出海滨风光；清水混凝土作为一个有趣的元素，质感、纹理柔软的抹灰墙壁与硬朗的屏风和铝板形成鲜明的对比。

SAOTA 建筑事务所在这个项目中展示了他们南非风格的设计：锋利的线条、光的形式以及与自然的融合，所有的这些元素整合在一起，使设计在这个特殊场地充满家的感觉。有趣的特色、模糊的边界和新鲜的分层结构平衡了家庭的居住需求和场地氛围。SAOTA 建筑事务所的姐妹公司——ARRCC 工作室开发的改良装饰色彩满足了客户的需求。

01 楼梯
02 书房
03 卫生间
04 起居室
05 卧室 1
06 卫浴间
07 电梯
08 走廊
09 电脑室
10 衣帽间
11 主卧室
12 衣橱
13 卫生间
14 浴室
15 卧室 2
16 卫浴间 2
17 卧室 3
18 卫浴间 3
19 衣橱

二层平面图

SOUTH VILLA

南别院

项目概况

南别院坐落在开普敦市地标狮子山高处，是一幢五层复式公寓，坐拥桌山和克利夫顿原始海滩等当地风景名胜，可以欣赏到绝美的海景。该建筑依照场地的现有轮廓，确保周边景观不受影响。室内装饰设计和建筑设计分别由 ARRCC 工作室、OKHA 工作室和 SAOTA 建筑事务所完成，该项目的设计与 20 世纪二三十年代的现代装饰艺术运动有着密切关联。

SOUTH
602

Architect: ARRCC, OKHA, SAOTA
Location: Cape town, South Africa
Project Area: 200 m²
Photographer: Adam Letch & Niel Vosloo

设计者：ARRCC 工作室、OKHA 工作室、SAOTA 建筑事务所
项目位置：南非开普敦
占地面积：200 平方米
摄影师：亚当·莱奇、尼尔·沃斯露

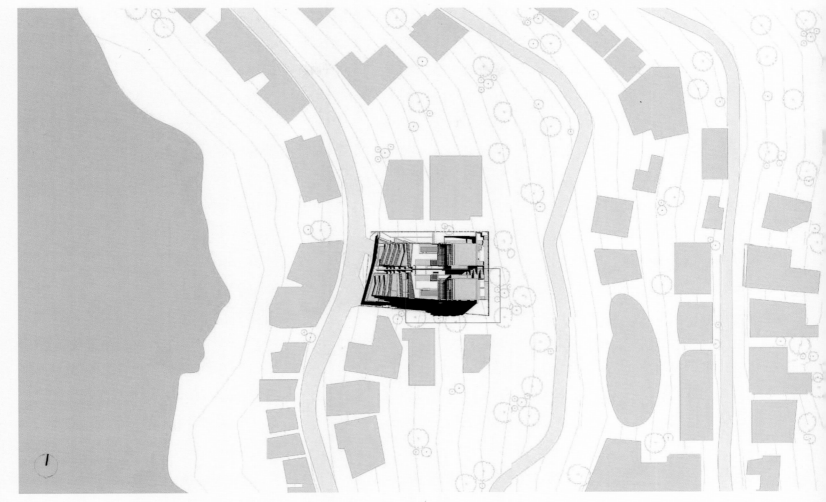

总平面图

从电梯进入南别院后，经典的复合钢网状门通向双居住区，该居住区设有青铜和玻璃装置以及特色楼梯。ARRCC 工作室的主任乔恩·凯斯（Jon Case）表示："经典墙面细节通过现代色彩被赋予新生命，包含灰色、深邃的蓝色和带纹理的绿色饰面。"起居区又通向面积150 平方米的露台，露台上设有一个凸起的矩形恒温游泳池，在这里，访客可全年欣赏到克利夫顿和桌山的全景。

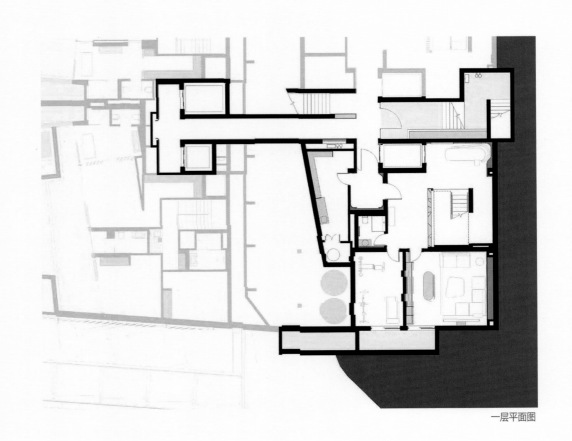

一层平面图

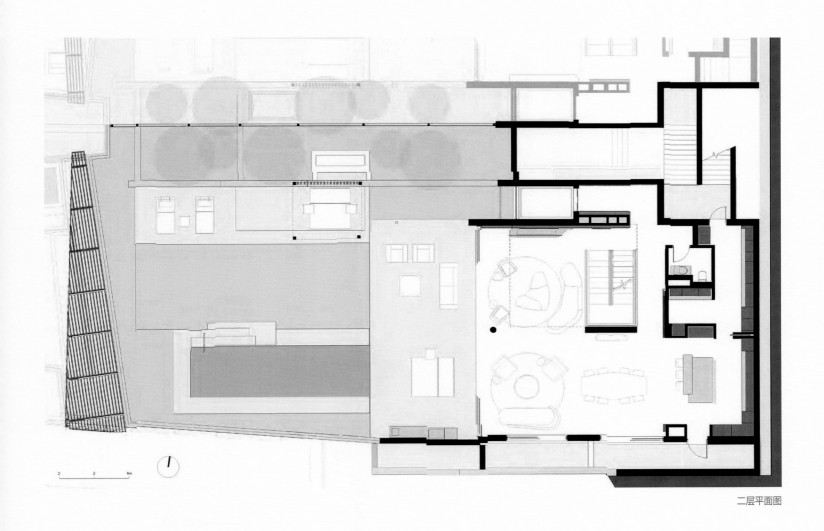

二层平面图

公寓将先进现代科技完美地融合到其功能和结构中，并提供 24 小时不间断的安保、服务，提供"拎包入住"的生活方式。通过无缝集成家庭自动化系统，别墅的几乎任何地方都可以进行远程控制和个性化设置，包括电梯、游泳池和 Wi-Fi 等。业主说："原来想要的是普通的建筑和室内设计，然而，将全球设计视野与南非的艺术和手工艺出色地结合在一起，这迅速地引起了我极大的兴趣。"业主认为，与 ARRCC 工作室和 OKHA 工作室合作重新构思南别院的建筑和室内设计是一个很自然的选择。他补充说："SAOTA 建筑事务所、ARRCC 工作室和 OKHA 工作室都是各自领域的设计领袖，难能可贵的是他们作为一个整体来协作设计，加强了他们的专业技能和优势。"

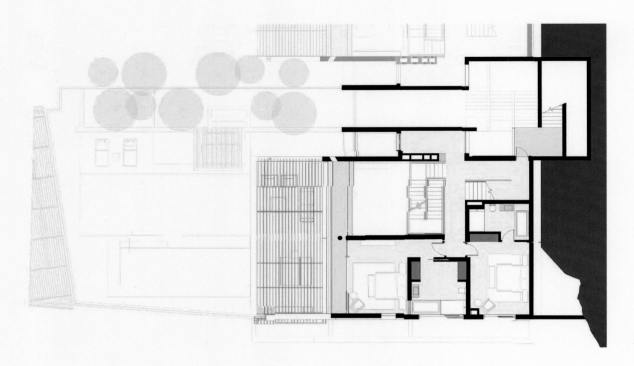

三层平面图

四层平面图

五层平面图

ARRCC 工作室在主卧室中也使用
了经典的带肋纹墙板，再加上木地
板，与面向坎普斯海滩（Camps
Bay）窗户外的海角松树相呼应。
定制床由橡木和法式藤制的组合床
头板组成，深灰绿色天鹅绒的矮大
宽扶手椅和大理石顶木制床头柜均
由 OKHA 工作室定制。

主卧浴室将法国铜镜、橡木、Bianco Carrara 品牌大理石的墙板结合在一起，为 Moody 色系主卧室提供了生动的背景。SAOTA 建筑事务所、ARRCC 工作室和 OKHA 工作室实现了将奢华、沉稳和精致相融合，丰富了有关当代设计的可能性。

VALENCIA
HOUSE

瓦伦西亚
住宅

项目概况

该别墅位于泰拜尔盖岛，拥有优越的环境条件。考虑到不同入口路径的显著高差，设计团队试图找到一个合适的水平面，以确定起居空间和游泳池的具体位置，同时使其尽可能地享受广阔海景。作为别墅中的一个重要空间，该"水平面"连接了与地面相交融的地下室空间以及堆叠在基座上方的起居空间。

Architect: Fran silvestre Arquitectos

Location: Alicante, Spain

Photographer: FG + SG

设计者：Fran silvestre 建筑师事务所

项目位置：西班牙阿利坎特

摄影师：FG + SG

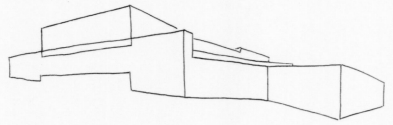

手绘草图 1

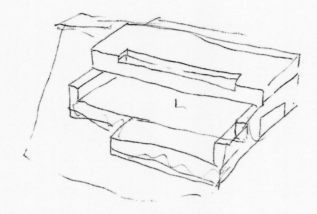

手绘草图 2

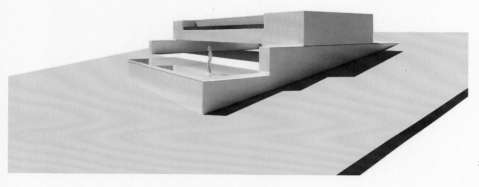

模型图

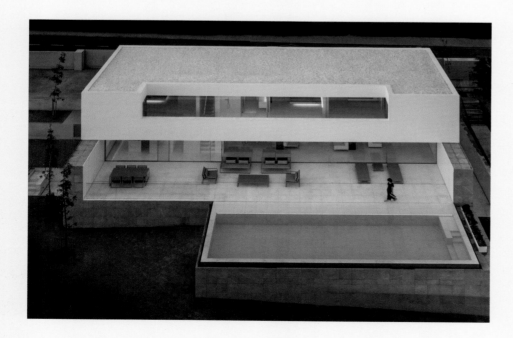

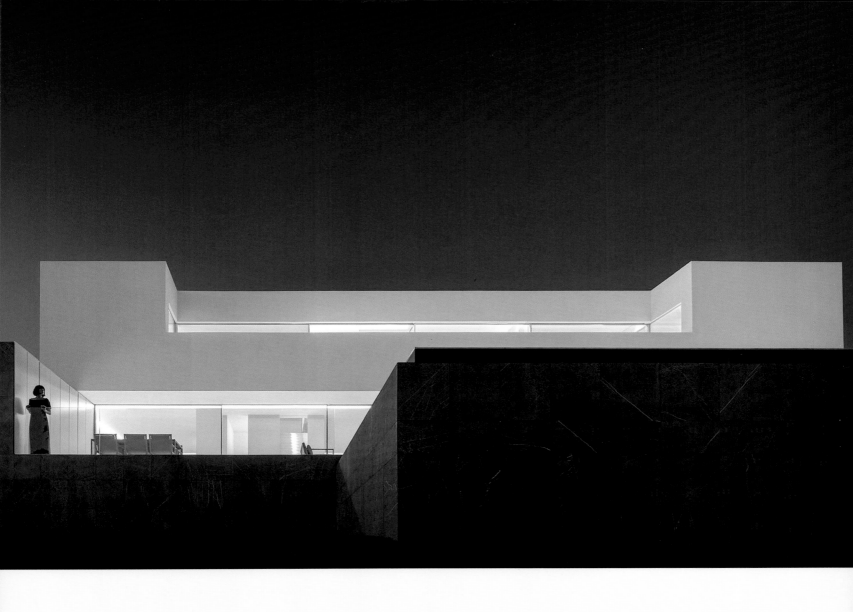

较低处的体量使用了灰色调的天然
石材，与周围山脉的质感相呼应。
高处的体量则使用了与当地传统建
筑相一致的白色。介于两者之间的
是一个开放又阴凉的区域，成为住
宅中的一处悠然惬意的存在。

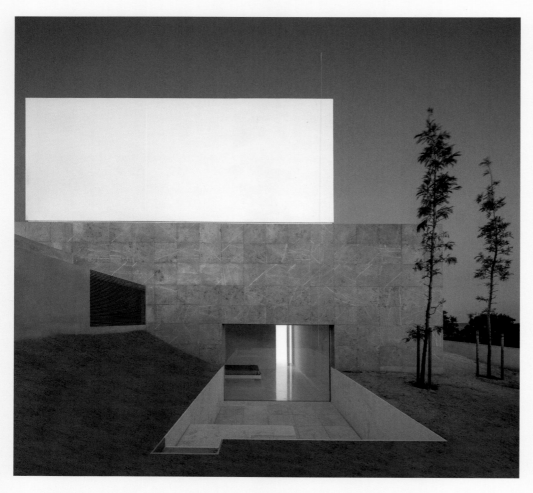

除了高低两个体量之间的对比，设计的二元性还体现在其透明度上：一方面住宅尽可能地隔绝于周围的其他建筑，另一方面又完全地向自然景观敞开。

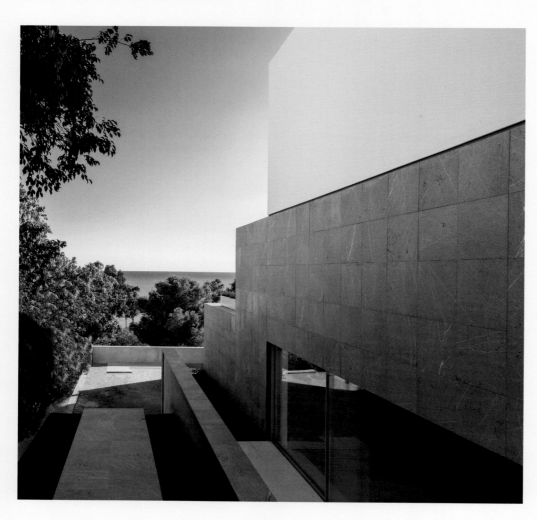

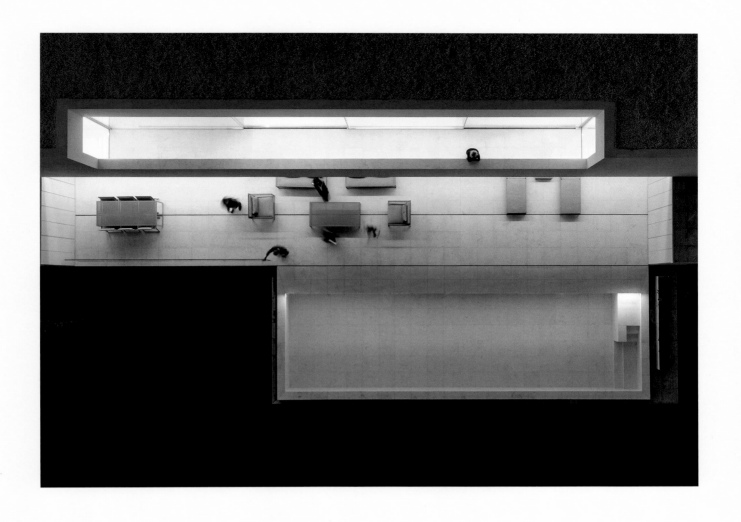

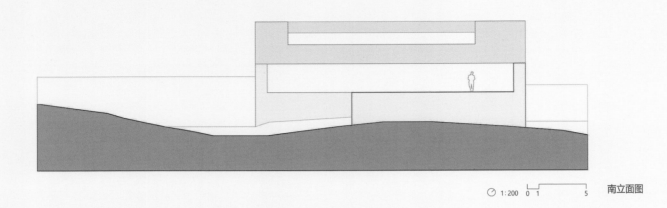

1:200 0 1   5   南立面图

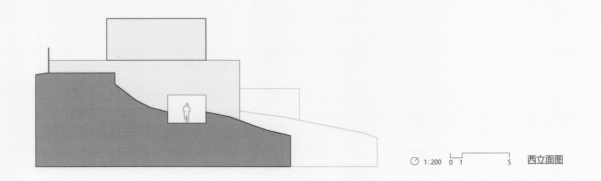

1:200 0 1   5   西立面图

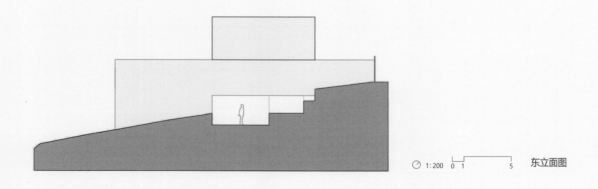

1:200 0 1   5   东立面图

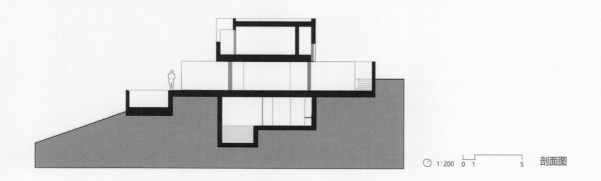

1:200 0 1   5   剖面图

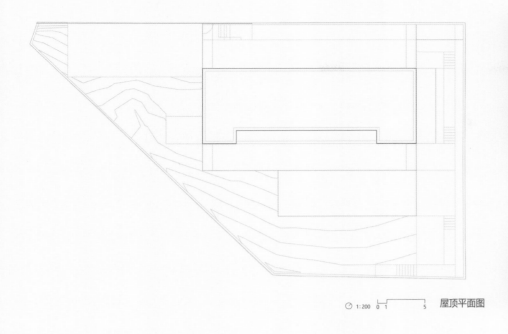

1:200 ⊘ 0 1 5　　屋顶平面图

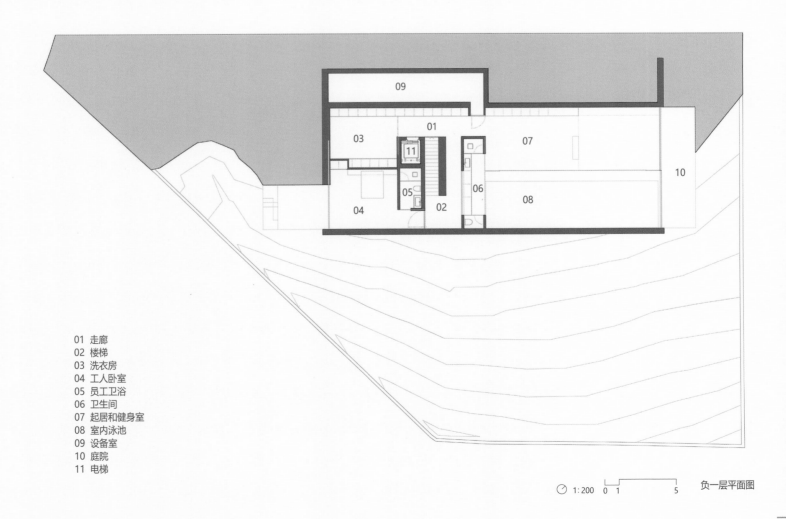

01 走廊
02 楼梯
03 洗衣房
04 工人卧室
05 员工卫浴
06 卫生间
07 起居和健身室
08 室内泳池
09 设备室
10 庭院
11 电梯

1:200 ⊘ 0 1 5　　负一层平面图

开窗方法同样展现了多样性。首层是一个完全通透的一体化空间，通过方形的口袋空间敞开于东西两侧的庭院。二层在朝向大海的方向设有带状窗，方便房间采光。临街立面设有一个位于低处的细长窗户，不仅为走廊提供了光线和自然风，还保证了室内空间的私密性。这三种不同的开窗方式为不同的空间赋予了不同的氛围，或开放，或内敛，抑或充满冥想的氛围。尽管带有异质性，但这样的处理方法并未干扰到整体设计策略的统一性。

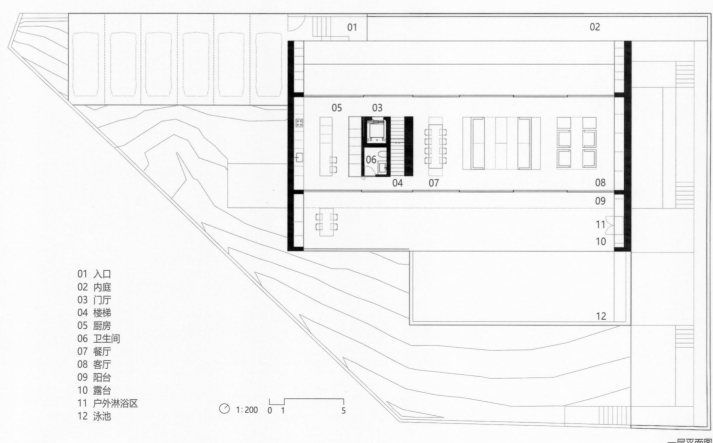

01 入口
02 内庭
03 门厅
04 楼梯
05 厨房
06 卫生间
07 餐厅
08 客厅
09 阳台
10 露台
11 户外淋浴区
12 泳池

1:200   0 1   5

一层平面图

01 二层入口
02 楼梯
03 卧室 1
04 卫浴 1
05 卧室 2
06 卫浴 2
07 主卧室
08 衣帽间
09 主卧室卫浴
10 阳台
11 衣橱

1:200 0 1   5 二层平面图

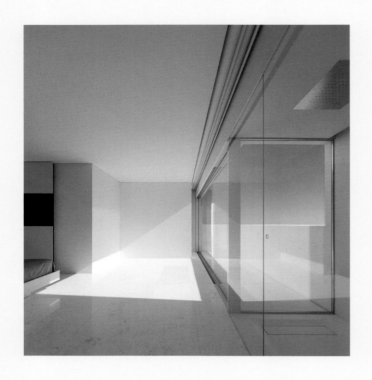

MIAMI
BEACH
VILLA

迈阿密海滩
别墅

项目概况

彼得·马里诺（Peter Marino）是一个现代主义者，他天马行空的创造奢华的能力使他成为香奈儿（Chanel）、路易威登（Louis Vuitton）和芬迪（Fendi）等奢侈品牌的首选设计师。他设计的私人别墅同样惊艳，最近他在迈阿密比斯坎湾的一个小岛上设计了一座充满艺术气息的当代奢华别墅，这是一栋根据业主的当代艺术收藏爱好来打造的、具有良好通风和采光的度假别墅，他再次向大家证明"简单"和"豪华"并非对立。

Architect: Peter Marino Architect
Location: Miami, United States
Photographer: Manolo Yllera

设计者：彼得·马里诺建筑事务所
项目位置：美国迈阿密
摄影师：马诺洛·伊莱拉

彼得·马里诺与业主夫妇有数十年的交情。他设计了业主夫妇在曼哈顿和康涅狄格州格林威治的住宅，后来还为他们的女儿设计了房屋。业主夫妇想用一栋别墅来展示他们的当代艺术品、装饰艺术风格的家具以及珍贵的东南亚雕塑。理想的位置是在比斯坎湾的人造小岛上，该岛远离喧嚣，且与南海滩的日常活动场地相距不远。业主夫妇通过游艇去往岛上的住宅（当然，这也是彼得·马里诺设计的）。但是迈阿密的私人岛屿是当地名流和财团的难求的资源。业主夫妇最终在该岛上获得一块矩形的场地，狭窄的一端可以通往码头，建筑师不得不应对他所描述的"鞋套情形——一个非常难利用的场地"。只有几个房间可以欣赏海景。建筑师对"鞋套情形"的解决方案是设计更多的"鞋套"。

彼得·马里诺巧妙的设计包括两个矩形

"鞋套": 一个细长的两层楼高的体块, 由收藏室和主人套房组成, 在楼上设有客房; 另一个短而宽的"鞋套"被布置在场地的后方, 包含一个双层高的起居室和餐厅。将它们连接在一起的是一个宽敞的连廊, 可欣赏到海景。建筑师宣称: "我一直认为, 在海边的住宅中, 室内空间时刻都应看到海景, 这很重要。"

彼得·马里诺说："墙壁使用的是石灰石，是我最喜欢的材料之一。"每个立面都被小的、高的或宽大的窗户打破。"我像将画作布置在墙上一样，布置窗户。简单地对海景的追求可能会变得无趣。"他补充说，"我印象中有过最好的水景体验是我小时候住在比克曼露台时，沿着东河一直望着对角线里的美景。"为了达到类似的效果，建筑师将客厅的玻璃墙（朝向游泳池和海湾）设计成锐角并把它向北倾斜，以减少热量。

入口处的地板是类似于地毯的银色，墙面棕色大理石的拼贴
启发了客厅中地毯的布置。用餐区可望见有围墙的绿色花园。

双层高的收藏室被赋予最佳海景景观，而不是主人房，主人房更暗，更令人感到安静。"我不得不说服业主夫妇——在炎热的气候中，如果将卧室漆成深色，房间会保持凉爽，而且更加迷人。"浴池内衬有大胆的黄色、橙色和绿色背景的石头。"我们选了大理石和玛瑙"，马里诺说，"然后将房间的色调与它们匹配。我不能告诉你我在浴缸里玩出了多少乐趣。"

DOLUNAY VILLA

多卢纳伊
别墅

项目概况

该项目位于土耳其西南侧穆拉市的爱琴海沿岸，建筑师根据场地现状设计了一栋低矮的别墅建筑。多卢纳伊别墅在布局上充分利用了当地的自然地理条件，使其在一侧看去只会呈现出一层的样式，可以最大化地欣赏绝美的海景。建筑师在庄园的周边设置了许多可以散发香味的植物，例如百里香、薰衣草以及橄榄树，以给来访者提供丰富的季节性体验。别墅从场地的北侧通过一条蜿蜒的道路进入，主入口直接通向庄园的各个核心区域，东面是拥有良好视野的私人空间，西面是可以观赏到爱琴海日落的客厅和餐饮空间。

Architect: Foster + Partners
Location: Mugla, Turkey
Area: 1 668 m²
Photographer: Nigel Young, Foster + Partners

设计者：福斯特建筑事务所
项目位置：土耳其穆拉
项目面积：1 668 平方米
摄影师：奈杰尔·杨、福斯特建筑事务所

建筑师在别墅空间设计上利用了"先封闭后开放"的手法，以满足各空间不同层级的开放和私密性要求。建筑师在朝向爱琴海的立面上设计了一扇巨大的玻璃门，以模糊别墅内外空间的界限。这扇玻璃门可以通过滑轨完全打开，从而实现内外空间的完全连通。

别墅以庄园的周边环境为设计灵感，在室内空间的设计上采用了石材和木材这两种材料，并选择了暖棕色、青铜色以及沙滩灰这一类的色彩基调。同时，建筑师还利用皮革家具和橡木材质，共同营造出空间的舒适优雅感。

平面图布置图

区位图

东立面图

北立面图

南立面图

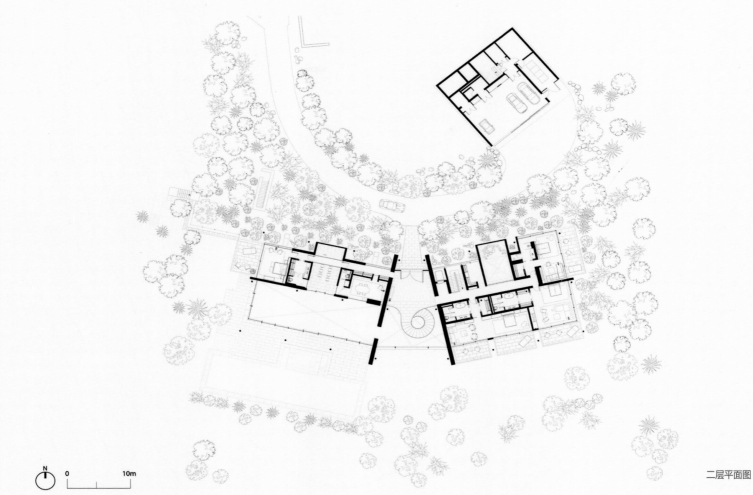

二层平面图

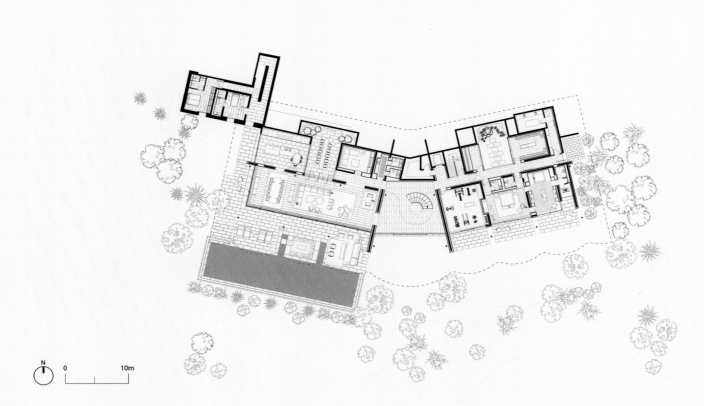

一层平面图

建筑师和瑞士的 Blumer Lehmann 公司联手将别墅的屋顶手工打造成起伏木屋顶，该木屋顶框架置于钢柱结构上，实现了 7.5 米的巨大悬挑，来为户外空间提供更多的遮阴可能。预制屋顶结构经过特殊的处理工艺，与一般的混凝土屋顶相比，含有更少的碳元素，从而更好地实现了建筑的可持续性。

建筑师为了更优雅、简洁地连通一、二层的空间，利用了坚固的葡萄牙石灰石来制作别墅的中心楼梯，并将一种特制的钢索穿过石材，通过钢索的后张力对整个楼梯进行支撑，使得外观看起来没有可见的结构元素。建筑师还利用透明的玻璃薄管制作了楼梯的栏杆，搭配弯曲的木扶手，实现了楼梯整体结构的干净、纯粹与轻盈感。

别墅内部的要素设计都出色地满足了业主所提出的定制需求，从手工制作的实木大门，到定制的浴室瓷砖和面盆，无一不体现了项目所具有的极高手工艺水准。建筑师还在海岸边设计了一个日落凉亭，以自然石块砌墙，弯曲竹片为结构，搭配橄榄树和木桌。

WHITE VILLA

纯白别墅

项目概况

该别墅坐落在日本静冈，是一栋位于山坡之上的白色私人别墅。隈研吾及其团队旨在利用木材所具备的白色而又温暖的特点与周边的绿意共同营造一个独特的宜居空间。此外，建筑师还在花园中设置了一座独立的温泉。

Architect: Kengo Kuma and Associates
Location: Shizuoka, Janpan
Area: 996.98 m^2
Photographer: Kasumi Kobayashi Kenji Photography Office

设计者：隈研吾建筑都市设计事务所
项目位置：日本静冈
项目面积：996.98 平方米
摄影师：川澄・小林研二写真事务所

建筑师通过百叶窗和倾斜屋顶的运用，将这栋别墅与
周边的自然环境紧密地串联在了一起。立面设计上，
温暖的木制白色表皮和白色混凝土表皮既统一又富有
对比性。

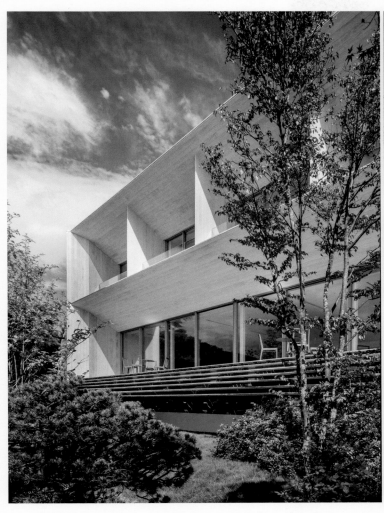

ON THE
WATER
HOUSE

水上之房

项目概况

该项目位于日本日光市的中禅寺湖岸，此地很
早以前便林立着成排的外国大使馆别墅。该项
目是在拆除湖畔一栋 5 层楼的企业疗养院后
新建的一座低矮的亲水型别墅。两层高的别墅
建在宽约 7 米斜坡状的湖岸上，地势自道路
向湖泊逐渐降低，因此，设计师采用了由高到
低的动线设计，即由道路进入以会客餐厅为中
心的二楼空间后，再沿着螺旋状空间徐徐下到
有卧室的一楼。设计师还拆除了原有建筑和湖
泊间的驳岸，将湖水引入位于一楼中心的中庭，
横跨顶部的 20 米长大跨度屋盖框出一片如诗
如画的湖景。

该项目位于日本日光市的中禅寺湖岸，此地很
早以前便林立着成排的外国大使馆别墅。该项
目是在拆除湖畔一栋 5 层楼的企业疗养院后
新建的一座低矮的亲水型别墅。

Architect: Nikken Sekkei Ltd.
Location: Nikko, Japan
Site area: 1 325.16 m²
Cover an Area: 640.50 m²
Building Area: 751.92 m²
Photographer: Nikken Sekkei Ltd.

设计者：日建设计株式会社
项目位置：日本日光
用地面积：1 325.16 平方米
占地面积：640.50 平方米
建筑面积：751.92 平方米
摄影师：日建设计株式会社

二楼的门廊一直延伸到用餐空间，其上部架设有悬挑式的钢结构屋顶。充分考虑到 1.2 米厚的最大积雪量，通过在预先设计好倾角的钢梁前端以 3 米间隔配置撑杆持续增加张力，可应对积雪产生的荷载并防止屋顶变形。由于这些撑杆的反作用力来自 SRC 反梁（为使一楼的屋檐看起来平整而设），所以同时具有减小大跨度平板变形的作用。

由于解决了积雪导致屋顶变形的问题，从而能够采用无边框大幅玻璃以最大限度确保湖景视野。玻璃宽达 10 米，这已经是蜿蜒曲折的日光红叶坂（又称伊吕波山道）可以运输的最大尺寸。

中禅寺湖

Site Plan 1:2000

区位图

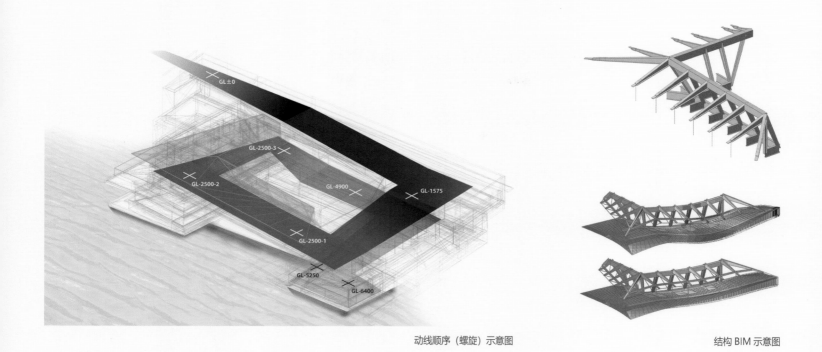

动线顺序（螺旋）示意图 结构 BIM 示意图

在设计过程中，设计师将场地周围地形和山脉的数据输入 BIM 模型中，以便找到可确保最佳景观视野的最优建筑布局。此外，还利用 BIM 模型按照沿建筑动线的视线序列，对各房间的比例及开口的形状与高度进行研究。进入施工图设计阶段后，BIM 模型更是具体到各处的细节和装饰材料乃至家具配置。

BIM 模型还广泛应用于减轻积雪导致屋顶变形的结构验证、利用螺旋状连续空间的自然通风以及一楼酒吧壁炉的热环境模拟。

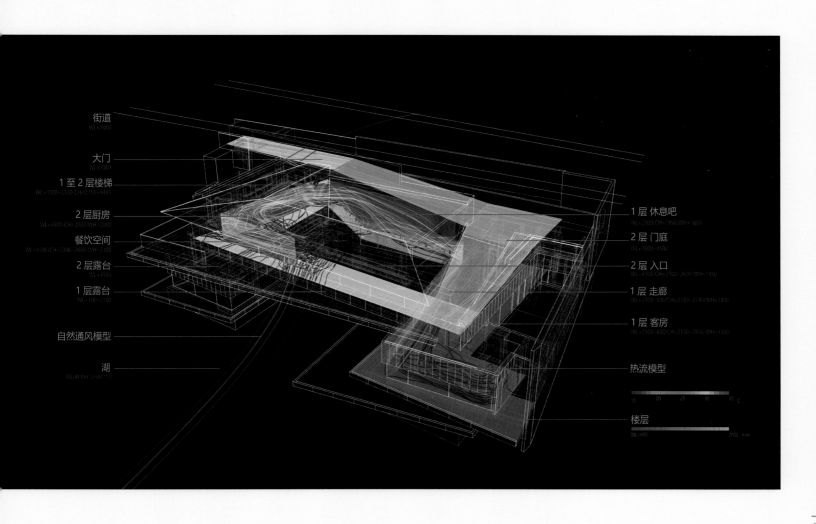

设备房

卧室 2

中禅寺湖

酒吧

卧室 1

一层平面图

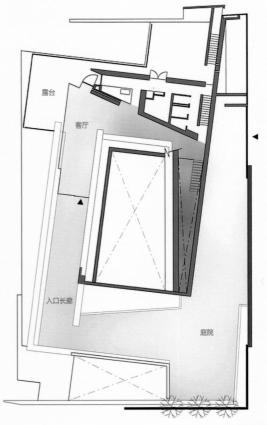

露台

客厅

入口长廊

庭院

二层平面图

N

1：400

别墅静静坐落于中禅寺湖湖畔，其入口到卧室被设计成螺旋状绵延的空间。得益于螺旋状的造型，人们可畅享随步履轻移而变化万千的水景。与此同时，随着距水面物理距离的不断变化，滨水带来的各种环境要素在螺旋状空间中接连不断地呈现，如湖面上泛起的层层涟漪、反射的粼粼波光等。由于整个空间高低不一且形状较长，壁炉带来的热度和干燥空气并不能创造出均匀的室内温度，各个区域会呈现出不同的热环境。如此一来，各种环境重叠往复，形成既连续又多样化的空间。

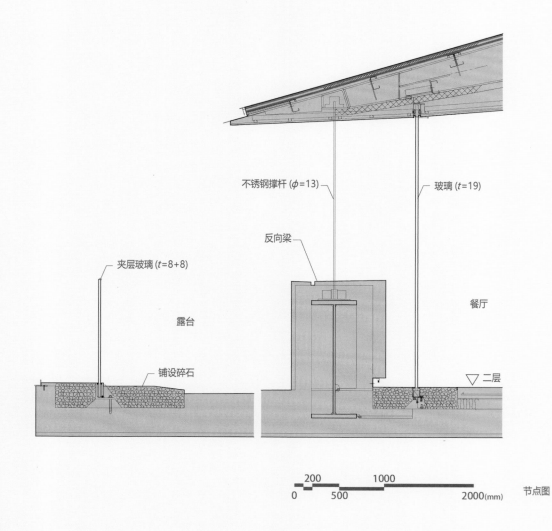

夹层玻璃 (t=8+8)

露台

铺设碎石

反向梁

不锈钢撑杆 (ϕ=13)

玻璃 (t=19)

餐厅

▽二层

节点图

200   1000

0   500   2000 (mm)

设计师希望到访游客漫步在水滨时，能够找到适合自己的场所尽享其乐。即使在夏夜室内仍需部分暖气供应的自然环境中，部分到访者会停留于壁炉旁享受抚慰人心的温暖。另外，想必也有人会偏爱这里的宁静和凉意。入秋至开春，气候变得寒冷，周围的自然环境不再适合接待宾客，该建筑会进入"冬眠"闭门谢客，而绝不浪费能源破坏自然环境，这就是理想的具有"款待之道"的度假别墅。

CAPE VILLA 海角别墅

项目概况

海角别墅坐落在南非风景如画的十二使徒山脉
(Twelve Apostles)上,俯瞰坎普斯湾(Camps
Bay)。别墅设计实现了奢华与舒适之间的完
美平衡。这个迷人的住所被 ARRCC 工作室彻
底改造成了在开普敦快乐享受慢生活的国际
化生活场所。客户有两个孩子,且非常欣赏
ARRCC 工作室的设计风格,希望以 ARRCC
工作室的代表风格营造出具有南非民族特色的
现代滨海别墅。ARRCC 工作室出色地创造了
一个既现代又精致、充满童趣的生活空间。

Architect: ARRCC
Location: Cape Town, South Africa
Photographer: Adam Letch

设计者：ARRCC 工作室
项目位置：南非开普敦
摄影师：亚当·莱奇

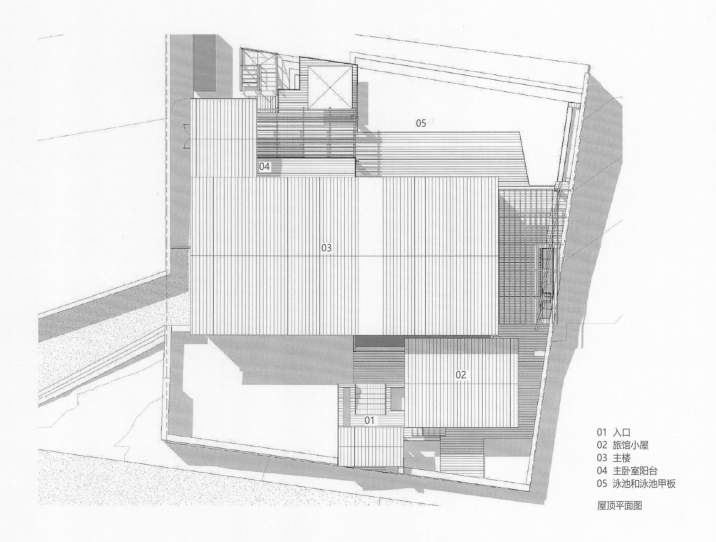

01 入口
02 旅馆小屋
03 主楼
04 主卧室阳台
05 泳池和泳池甲板

屋顶平面图

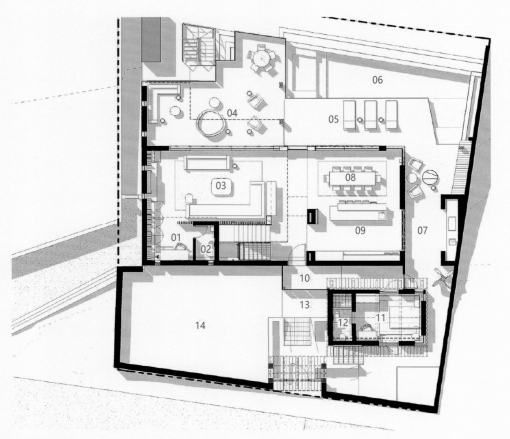

01 洗手台
02 客人卫生间
03 客厅
04 室外休息吧
05 泳池露台
06 泳池
07 烧烤区
08 餐厅
09 厨房
10 过道
11 儿童娱乐室
12 儿童卫生间
13 门厅
14 花园

一层平面图

Floor plans | Ground Level

"在这个项目中，我们的考虑最多的因素是如何选择有效的方案和正确的形式，最重要的是满足客户的个性需求。"ARRCC工作室的室内设计师妮娜说。

"虽然房屋的内部空间保持简单，但标志性的ARRCC工作室设计元素和定制软装营造出了现代而精致的氛围，同时确保空间体现了客户的个性。我们大胆地挑选质地和面料，结合魅力四射的有机材料，为空间增添了丰富情感，确保这个度假胜地实现了奢华与舒适之间的完美平衡。"ARRCC工作室的主任乔恩·凯斯（Jon Case）说。

Volakas 大理石背景墙展现了精致的设计细节，同时设定了空间的色调，法国橡木木饰面与青铜色和金属色相得益彰，为室内设计增添了一层色彩。

妮娜谈到了她在别墅设计中的灵感和对艺术作品的使用："我们将客户的艺术收藏品进行展示，实现了南非传统文化和新旧建筑之间的对话，打造了一个新非洲艺术之家。我们还置入了一些严肃的作品，例如莱昂内尔·史密斯（Lionel Smit）的半身像和纳尔逊·马卡莫（Nelson Makamo）的作品，以及弗兰克·范·雷恩（Frank Van Reenen）的嘲讽装置艺术作品。"

01 主卧室
02 主卧室卫浴
03 衣帽间
04 卧室阳台
05 卧室1
06 卧室1卫浴
07 卧室2
08 卧室2卫浴
09 挑空
10 玻璃廊桥

二层平面图

在上层，玻璃廊桥连接了两个侧翼空间，分别是主卧室和两个儿童卧房。主卧室带有浴室和定制的更衣室，可通向私人露台，在露台可将狮头角到兰迪德诺一览无余。主卧室的秘鲁驼羊毛地毯为空间增添了色彩和个性，为房间增添了柔软感和质感。

儿童房配有定制的床和墙
纸，彼此互为镜像，具有
独特的功能，以营造出充
满非洲地域特色的、生动
有趣的空间。艺术感充满
了整个房屋。

01 车库
02 洗车区
03 工人卧室 1
04 工人卫浴 1
05 工人卧室 2
06 工人卫浴 2
07 儿童露台
08 儿童游乐室
09 门厅
10 楼梯
11 花园

负一层平面图

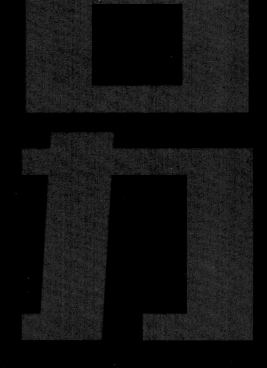

CREATION OF
VILLA SPACE

野

城郊

别墅

SUBURBAN
VILLA

MODERN VILLA IN MUNICH

慕尼黑
现代别墅

项目概况

法国利格里设计与荷兰 Powerhouse Company 建筑师事务所一起为一个带有四个小孩的客户精心打造了这个当代前卫私人住宅。该项目耗时约两年半才打造完成。

Architect: Liaigre, Powerhouse company
Location: Munich, Germany
Area: 4 400 m²
Photographer: Marcel IJzerman

设计者：利格里设计、Powerhouse Company
建筑师事务所
项目位置：德国慕尼黑
项目面积：4 400 平方米
摄影师：马塞尔·艾泽曼

慕尼黑现代别墅一眼望去是一座气势宏伟的建筑，设计师力图创造一栋具有双重魅力的别墅：前庭
气势磅礴，后庭温暖如煦。别墅造型层层递进将生活空间开放至花园，逐步延伸到整个外部环境。
设计师的创意满足了客户对独特住宅的期望，这是经典慕尼黑联排别墅的新形式。

硬朗的线条和结构与感性的材料形成鲜明对比,赋予了项目强烈的艺术韵律感。

利格里设计与荷兰年轻的建筑师事务所 Powerhouse Company 合作打造了这个庄严而前卫的项目,以非常现代的建筑语言深刻影响了德国南部的建筑文化。较深沉的色调反映了客户对巴伐利亚大自然的依恋。

该别墅的可居住面积为 4 400 平方米,分为四层,在其不同的空间中展示了独特的材料运用,包含本土材料(染色松树板)和 Liaigre 标志性材料(如雪松和绿玛瑙)。

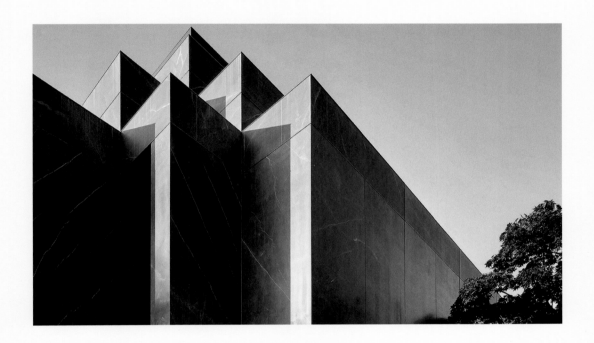

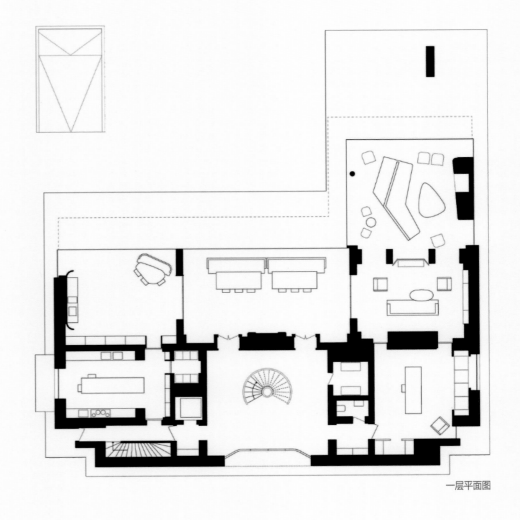

一层平面图

二层平面图

别墅通过使用不同材料讲述自己的故事。也许最引人注目的材料是厨房中美丽的绿色意大利玛瑙。客户还将这个区域称为"酒吧—浓缩咖啡室"或孩子们的"非正式厨房"。通过不同的材料选择和细致的饰面创建动态纹理。建筑师弗雷克·迈耶（Frauke Meyer）说："为一个前卫的客户做了一个前卫的项目，这对我来说是一次全新的体验，而且根据客户的说法，达到了完美的效果。房子和它的家具都是最具现代感的，在整个空间都能感受到平和的舒适感。"

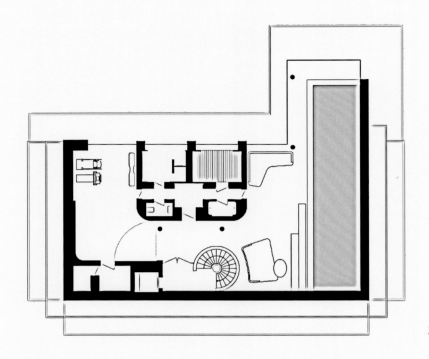

三层平面图

除了想要一些十分独特的东西外，客户表示不喜欢白墙。"这很有趣，一栋占地面积 3 340 平方米的房子，室内设计面积约 4 400 平方米，没有白墙"，负责该项目的建筑师弗雷克·迈耶微笑着说，"而且，他们想要一个保龄球馆。这是一个活跃的家庭，有四个孩子，他们每周二晚上都要打保龄球。"

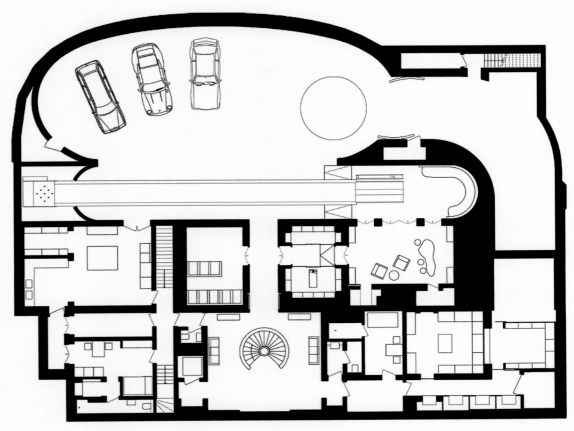

负一层平面图

THE AVIOR 青山雅筑

项目概况

青山雅筑位于日本东京最知名的商圈表参道附近的南青山社区，那里有青木淳设计的路易威登（Louis Vuitton）之家、伊东丰雄设计的Tod's旗舰店、隈研吾设计的LVMH 法国酩悦·轩尼诗-路易威登集团总部、安藤忠雄（Tadao Ando）设计的表参道之丘购物中心等。

青山雅筑位于日本东京最知名的商圈表参道附近的南青山社区，

Architect: OSO Office
Location: Tokyo, Japan
Photo: OSO Office

设计者：OSO 工作室
项目位置：日本东京
图片：OSO 工作室

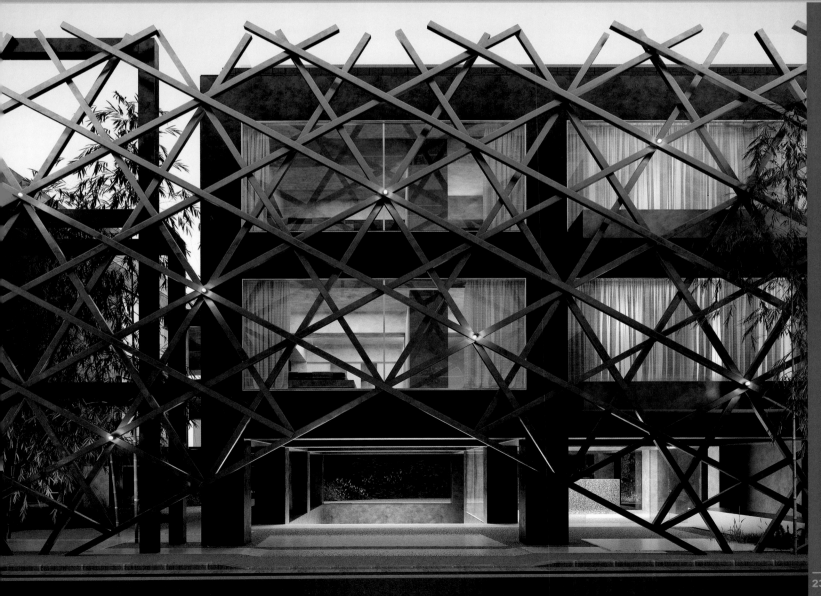

青山雅筑的建筑设计由迈克尔·西普肯斯（Michael Sypkens）和埃斯特万·奥卡加维亚（Esteban Ochagavia）创立的日本 OSO 工作室担纲，两位设计师曾师从隈研吾，受西方建筑结构稳定性的影响，吸收日本瞬态、虚幻的建筑理念，从而产生灵感——当固定和暂时的元素互相交错、层叠、融合时，建筑的意义便油然而生。

青山雅筑的名字来源于海山二星，也被称为 Avior，是由两颗恒星绕着其共同的重心轨道环绕的恒星系统，因此，它是一个与项目发展历史相呼应的名字，两个建筑的过去与未来紧紧相连。力量与柔软、永恒与无常、经历与体验，这种由两个或多个元素组成的复合物，或对比或相辅相成地结合并形成某种新事物的概念，设计师将这些主题融合在一起，便组成了青山雅筑的设计故事。

"我们希望保留原有的构造语言，但也故意与之相矛盾。例如，入口大厅的混凝土墙体用地板来进行软化，数千颗小卵石紧凑地拼在一起，十分精致，乍一看认为是一堵金属的墙壁，仔细一看却是金属灰泥，冲突却也和谐地反映出周围环境。"设计师说。光线通过和纸的过滤氤氲于空间中，柔和、细腻，映射之下，金属墙面更显斑驳、沉静，仿若历史与未来在此对望、交流。

青山雅筑是在两座现有的相邻建筑上进行改造的，对于拥有不同历史、居住者、外立面、内部结构，甚至不同环境氛围的完全独立的住宅楼，将它们按比例混合在一起，这既是一门科学，也是一门艺术，同时也是青山雅筑设计故事的开端。

青山雅筑顶层别墅空间凝聚着人的需求、情感与审美，希望通过设计把这些传递给一代又一代的人，渗透到他们的性格和思想中去，成为人类历史的见证、文化的标志。

顶层天台最大化地模糊室内外界限，以透明的玻璃材质作为隔断，纹理的质感与平滑的外层相搭配，微妙的反射仿佛是在闪闪发光的表面上舞蹈。"青山雅筑的地理位置奠定了它的地位，把当代建筑与工匠文化带进了小巷和幽美的林荫大道里，将东京最好的一面展现在你的面前。"加拿大西岸集团总裁伊恩·格莱斯宾说。

在日本的美学思想中，艺术创作源于对自然生命的感受，不矫饰，不夸张做作，不违背自然事物的形态以及人的自然天性和情感，注重内在的含蓄及洗练的高雅。室内外消隐过渡，一个生活空间转到另一个自然空间，竹叶摇曳，玻璃窗闪烁着微光，神秘跳跃的光点使空间充满趣味。除此之外，住宅重新诠释"奢华"，其奢在于融合了日本和西方的美学、传统建筑理念，是一处别样的安居之处。洗练者，务去陈言，务去赘物，宁简勿繁，宁少勿多，宁缺勿滥。以简洁纯粹反观奢华，大简即大奢。

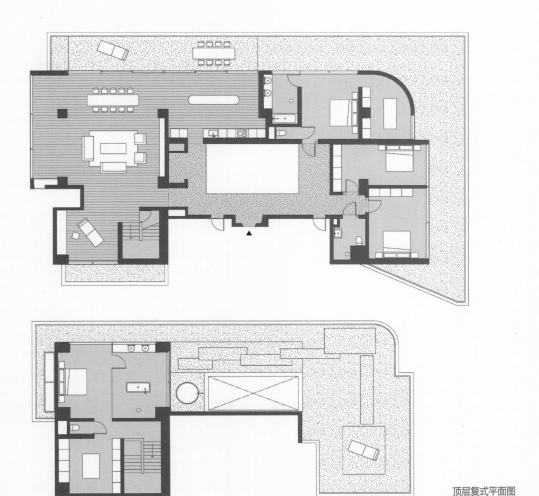

顶层复式平面图

设计师不想过度设计或去固定某种生活方式。
建筑的内部拥有11间公寓和两套顶层复式豪
宅，每套住宅都是宽敞而通风的开放式房型，
有极高的天花挑高空间，同时，落地窗可俯瞰
窗外的树木，在生活与自然之间舒缓共生。所
以在原本的结构下，室内则采用最简洁的材质，
回归本真，亦能更好地审视内心，着眼未来，
把永恒不朽诠释出一种新的含义。

公寓平面图

细节构成了空间，空间则成就了细节。地板、墙壁层层过渡，融为一体。抹灰表面、抽象黑漆厨房橱柜、背光条纹玛瑙，材料和纹理相互层叠，呈现出温和的过渡，赋予空间新的生命。

ADH
HOUSE

ADH 房子

项目概况

别墅位于墨西哥城的洛马斯·德·查普尔特佩克（Lomas de Chapultepec）住宅区。墨西哥建筑一贯以强烈的色彩和充满活力的内部空间而著称，而这栋别墅采用简约几何造型和宁静的色调来平衡业主收藏的艺术品的活力。内部空间设计也是基于建筑的设计语言，为别墅的内部和外部空间带来了显著的秩序感。

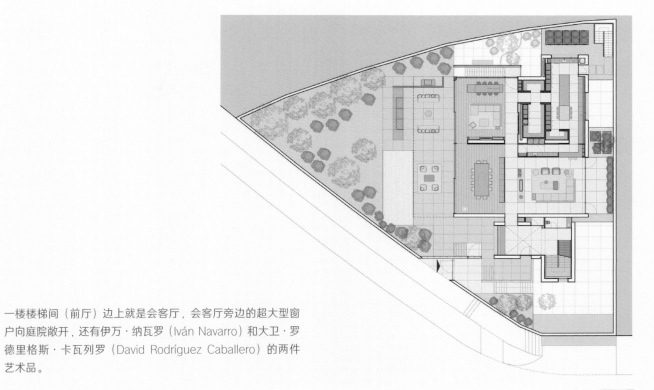

一楼楼梯间（前厅）边上就是会客厅，会客厅旁边的超大型窗户向庭院敞开，还有伊万·纳瓦罗（Iván Navarro）和大卫·罗德里格斯·卡瓦列罗（David Rodríguez Caballero）的两件艺术品。

一层平面图

别墅传达的空间感受也来自于对家具的选择运用。卡西纳（Cassina）的标志性定制家具和意大利 Viabizzuno 的照明装饰（如大马灯）融合在一起，在公共休息室中散发出迷人魅力。从起居室天花板向下延伸设计的硫化黄铜壁炉，点燃了室内的温度，强调了家的亲密和庇护感。

别墅二楼设有一个起居室、一个壁橱和四间
卧室，每间卧室都设有一间浴室。

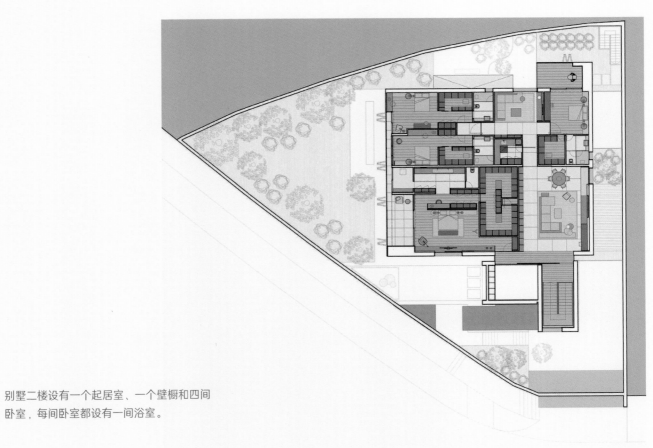

二层平面图

铝制的网格系统很好地控制了进入卧室的光线，同时形成了良好的隐私保护。网格打破了建筑后部高架庭院的孤立、冷峻，建筑的后部还带有一个小小的庭院。

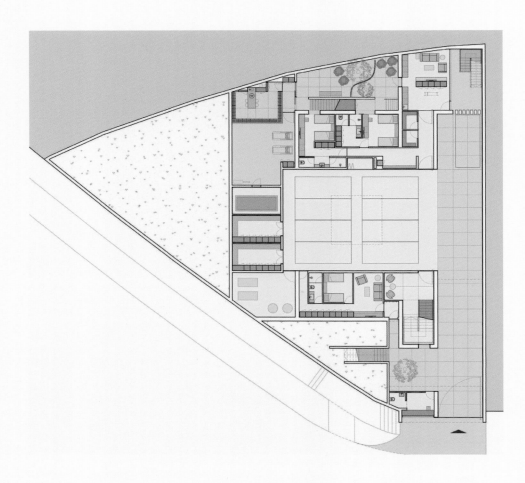

负一层设有一个酒窖，并配有黑色大理石品酒桌，酒窖空间由酒架围合起来，可以很好地展示和保存葡萄酒。隔壁是健身房，酒窖精致而安静的氛围与健身房区域形成了鲜明的对比，在视觉上酒窖、健身房和庭院有着良好的通透性。

负 一层平面图

别墅的前部设置了一个由丰富植被围合的宁静的庭院，水池的形态介入打破了建筑的冷硬感，戏剧性地平衡了空间体验，为客户创造了一个开放而有意义的空间。别墅立面采用了中性的灰色天然石材，铝板条制成的百叶窗是建筑外观的一大特色。

HOUSE IN AMAGASAKI

位于尼崎的房子

项目概况

该别墅为一对夫妇所有，地点位于兵库县尼崎市，靠近大阪市的郊区。一般情况下只有这对夫妇住在这里，但他们与亲戚频繁聚会。设计师设计了合适的尺度，无论是只有两个人使用，还是有大量人聚集时，都可以将公共区域和私人区域很好地分隔开。

Architect: Uemachi laboratory

Location: Hyogo Prefecture, Japan

Area: 427 m²

Photographer: Kazushi Hirano

设计者：上町研究所一级建筑师事务所

项目位置：日本兵库县

项目面积：427 平方米

摄影师：平野和司

儿子的
房子

车库

基地原来是一栋有 70 年历史的老宅子，但主楼因为地震而被毁，业主居住
在三层楼的附楼中，他们要求设计师拆除这所被毁的老宅子并建立木结构的
新宅。尽管老宅子被拆除，但庭院中的树木作为记忆的媒介被尽可能多地保
留了下来，这可以使新宅的生活更接近原来的样貌。

立面面图

别墅入口处，修建了一个室外大厅，在半室外环境中连接重建的新房和现有的三层楼住宅，这栋三层楼的房子已经装修过，儿子一家住在那里。这个入口可以将两代人的家庭生活轻松地连接起来。

在庭院的景观设计中，由于开口受到限制，设计师将开口视为从每个区域切出的自然景观，而不是俯瞰整个花园。在室外大厅的前面，可以看到脚下水中反射出的绿色，透过格栅可以看到在入口大厅绿色从地面窗户水平扩散。

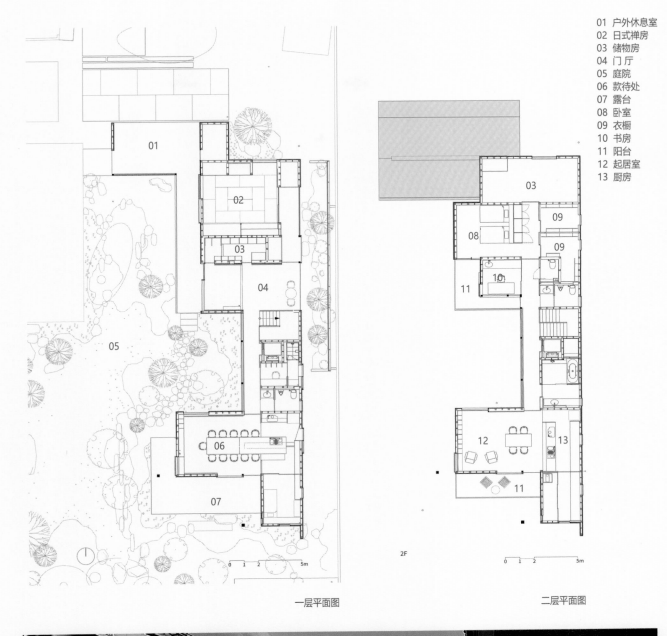

01 户外休息室
02 日式禅房
03 储物房
04 门厅
05 庭院
06 款待处
07 露台
08 卧室
09 衣橱
10 书房
11 阳台
12 起居室
13 厨房

2F

0 1 2   5m

一层平面图   二层平面图

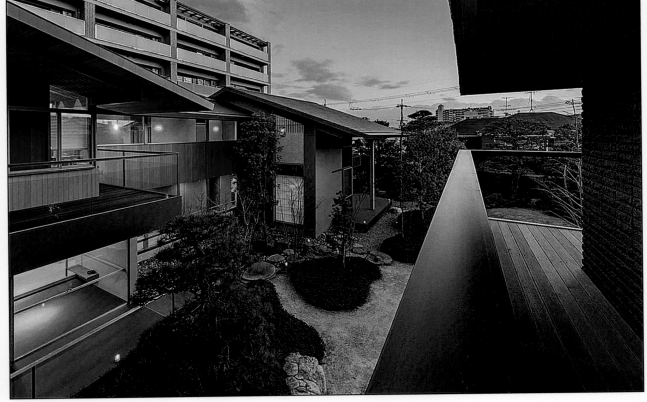

业主希望这栋房子既庄严又不引人注目，并具有将庭院景观融入生活的舒适感。设计师与 Araki 景观设计者合作，充分地考虑了庭院与建筑之间的关系。

RUSSELL
HILL ROAD
RESIDENCE

罗素山路
住宅

项目概况

这座新别墅位于一个成熟的社区中，其占地面积与原址上的住宅相似。建筑外部覆盖着大块的印第安纳州石灰石板，底部采用了斧切面安大略省阿冈昆石，使其与邻里乡土紧密地联系在一起，精心的现代装饰使别墅脱颖而出。

Architect: Taylor Smyth Architects
Location: Ontario,Canada
Area: 529.55 m²
Photographer: Ben Rahn

设计者：泰勒·史密斯建筑师事务所
项目位置：加拿大安大略省
项目面积：529.55 平方米
摄影师：本·莱恩

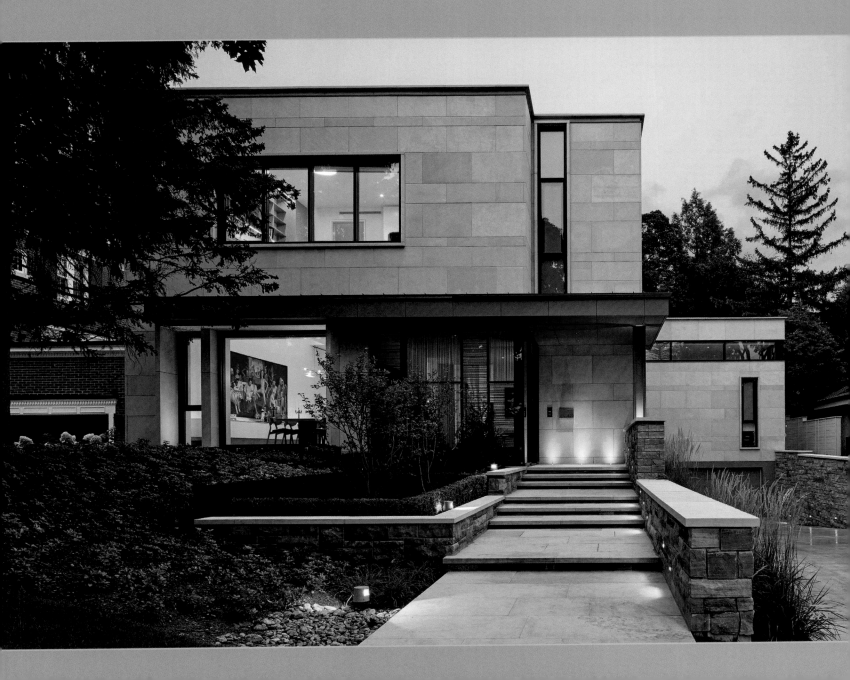

这座建筑的特色是采用了连续的玻璃墙，它可连接露台、天窗和带游泳池的庭院。自然光洒满室内，沿着墙面延展的长条形天窗把餐厅照亮，通过一道旋转门可进入厨房。一个 4.9 米层高的客厅位于别墅的后部。别墅可容纳多达 30 人的聚会。

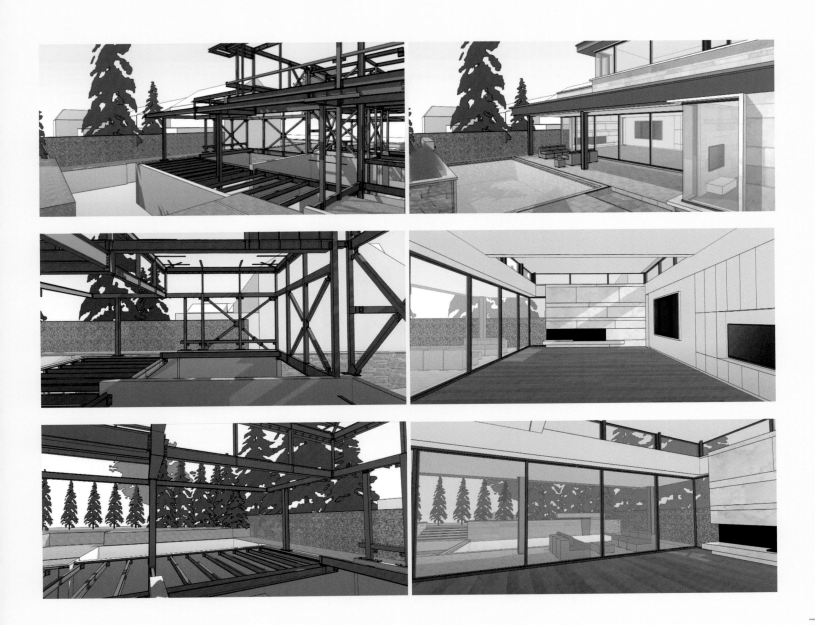

塞科尼·西蒙妮（Cecconi Simone）精心地完成了别墅的室内设计，包括青铜防盗屏风、木饰面和木作等。

T HOUSE

T 房子

项目概况

弗朗西斯·里菲（Francesc Rifé）设计的 T
房子于 2020 年秋天完工，雪松材质与秋色的
浪漫融合使其呈现出最佳效果。建筑外部和内
部空间都运用了别致的格栅，使外部和内部不
同空间之间建立了特殊的联系。 房子及其附
属建筑均采用中性色调，与周围景观产生丰富
的联动。

Architect: Francesc Rifé Studio
Location: Valencia, Spain
Photographer: David Zarzoso

设计者：弗朗西斯·里菲工作室
项目位置：西班牙瓦伦西亚
摄影师：大卫·扎佐索

雪松板一直延伸至室外，不仅增强了建筑的视觉特点，而且根据不同区域的使用要求移动格栅可以产生光线变化。巨大的侧窗覆盖雪松制成的自动百叶窗，晚间可以保护隐私，晨间可以供人们欣赏自然景观。巨大的窗户又使得室内与庭院自然相连。主入口的室外地面等过渡区域铺设灰色岩石，与室内地面铺设的天然橡木相接。附属建筑的氛围和色调与主体一致，用作与家人和朋友聚餐的独立厨房。滑动大门打开时，室内与庭院融为一体，关闭时，其硕大的外观与周围景色产生独特的反应。

住宅由两个体块组成，其中主套房独立，居者可以更大程度地享受后庭院。建筑主体的通高空间垂直划分了日间区域和其余位于二层的卧室。大客厅位于一层，挨着厨房与餐厅，它们既分隔又通过滑动格栅产生视觉联系。

在楼梯处，搪瓷钢板制成的扶手增强了几何感，阶梯使用天然橡木，丰富了整体效果。连接健身房旁边的地下车库与庭院的楼梯也使用了这种材质组合。

ROMBO IV VILLA

朗波 4 别墅

项目概况

朗波 4 别墅是一个较私人的空间，位于墨西哥城中心的一个树木繁茂的区域。项目由三栋住宅和一个开间组合而成，顺应了城市的肌理，带给人一种连续的、沉浸式的体验，正如该地区广阔而连绵的水域一样。

Architect: Miguel Angel Aragonés
Location: Mexico City, Mexico
Covered Area: 1 102 m²
Photographer: Joe Fletcher

设计者：米格尔·安赫尔·阿拉贡内斯
项目位置：墨西哥墨西哥城
占地面积：1 102平方米
摄影师：乔·弗莱彻

建筑师希望构建一个私密性良好的外壳，只有天空、微风和阳光能够与之接触，作为僻静的一隅，远离城市的喧嚣。水池和镜面作为固定不变的元素，将葱郁的环境清晰地反射出来。对于每个人口密度高的城市而言，植被、水和土地变得越来越珍贵。

这座建筑所讲述的故事远非几张照片所能表达：它的肌理与触感、坚硬与柔软、炙热与冷寂，以及从树叶间吹入的风声、泉水声、轻柔的低语和无法用感官认知的香气。所有这些营造出一种私密的、只有通过光线才能与之对话的空间氛围。

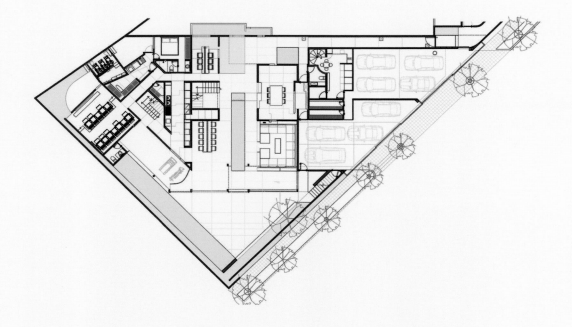

一层平面图

二层平面图

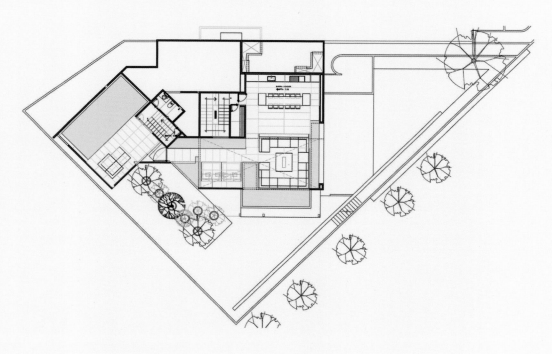

三层平面图

TOWER
ROAD VILLA

大厦路别墅

项目概况

"对于在洛杉矶比佛利山这样一流城市中的豪华住宅，人们期望其是极其精致的。该项目的独特之处在于其室内外生活空间融合了一点好莱坞魅力，这是一座非常宜居的别墅，可以举办休闲的家庭聚会或优雅的晚会。" 兰德里建筑设计公司的合伙人威廉·蒙加尔（William Mungall）说，这是他们在洛杉矶设计的一个地标性别墅项目。

Architect: Magni Kalman design,
Landry Design Group
Location: Los Angeles, United States
Area: 883 m²
Photographer: Roger Davies

设计者：麦格尼·卡尔曼设计公司、兰德里设计
集团
项目位置：美国洛杉矶
项目面积：883平方米
摄影师：罗杰·戴维斯

玛格尼和他的团队非常陶醉于项目的每个细节，但是他们印象最为深刻的是入口和楼梯的设计，这就像一个雕塑作品充满了艺术气息。"在米兰 Citco 总部的时候，我们发现了扎哈·哈迪德制作的这些令人难以置信的大理石雕刻面板，并且知道它们适合该项目。我们决定与理查德、威廉姆和苏珊娜一起将它们整合到弯曲的楼梯中，楼梯本身已经设计好，本身就很漂亮，但感觉雕刻面板就像是它的完美搭配。"他指出，"过程很紧张，但是我们的两个团队却执行得非常漂亮——它漂浮起来了！"

受到建筑以及业主夫妇现有艺术藏品和装饰品的启发，每个空间的设计都兼具当代和古典气息。玛格尼指出："业主是从大量的艺术品和装饰品入手的。入口处的阿尼什·卡普尔（Anish Kapoor）和餐厅的约翰·米莱（John Millei）的艺术品为其余的艺术收藏定下了基调，这些艺术收藏是由洛杉矶的艺术顾问采购的。"

设计的最终结果是现代主义的奇迹，建筑是向现代主义的致敬，既宜居又令人愉悦。"业主很高兴，他们喜欢这个过程，并且在选择材料时经常亲自动手。"蒙格尔说，"我们努力保持整个空间的无缝衔接，并同时能够保障较高级别的隐私需要，为业主提供了其向往的加利福尼亚生活方式。"

RECOGNITION 鸣谢

ARRCC 工作室
网址：www.arrcc.com / 电话：27 21-468 4400 / 电子邮箱：info@arrcc.com

Di Frenna 建筑师事务所
网址：www.difrennaarquitectos.com / 电话：52 312-223 3197
电子邮箱：direccion@difrennaarquitectos.com

福斯特建筑事务所
网址：www.fosterandpartners.com / 电话：44 20-7738 0455、010-5705 3000

Francesc rifé 工作室
网址：www.francescrifestudio.com / 电话：34 934-141288
电子邮箱：f@francescrifestudio.com

弗兰·西尔维斯特建筑事务所所
网址：www.fransilvestrearquitectos.com / 电话：34 963-816561
电子邮箱：china@fransilvestrearquitectos.com

Grade New york 工作室
网址：www.gradenewyork.com / 电话：212-645 9113 / 电子邮箱：info@gradenewyork.com

GRAS 建筑师事务所
网址：www.gras-arquitectos.com / 电话：34 913-106118
电子邮箱：info@gras-arquitectos.com

隈研吾建筑都市设计事务所
网址：www.kkaa.co.jp / 电话：81 3-3401 7721 / 电子邮箱：kuma@ba2.so-net.ne.jp

Liaigre 设计工作室
网址：www.liaigre.com / 电话：49 89-8208 5736 / 电子邮箱：mrouquie@liaigre.com

麦格尼·卡尔曼设计
网址：www.magnikalman.com / 电话：1 310-623 1623
电子邮箱：info@magnikalman.com

OKHA 工作室
网址：www.okha.com / 电话：27 21 461 7233 / 电子邮箱：info@okha.com

日建设计株式会社
网址：www.nikken.co.jp / 电话：021-5037-2265 / 电子邮箱：media@nikken.jp

OSO 工作室
网址：www.o-s-o.jp / 电话：81 3-3400 1244 / 电子邮箱：office@oso.jp

彼得·马里诺建筑事务所
网址：www.petermarinoarchitect.com / 电话：1 212-752 5444
电子邮箱：newbusiness@petermarinoarchitect.com

Powerhouse Company 建筑师事务所
网址：www.powerhouse-company.com / 电话：31 10-404 6789 /
电子邮箱：pr@powerhouse-company.com

Ramon Esteve 工作室
网址：www.ramonesteve.com / 电话：34 96-351 0434 / 电子邮箱：info@ramonesteve.com

SAOTA 建筑事务所
网址：www.saota.com / 电话：27 21-468 4400 / 电子邮箱：info@saota.com

泰勒·史密斯建筑师事务所
网址：www.taylorsmyth.com / 电话：4 16-968 6688 / 电子邮箱：info@taylorsmyth.com

上町研究所一级建筑师事务所
网址：www.uemachi.org / 电子邮箱：uemachilaboratory@icloud.com